車載用半導体センサ入門

松橋　　肇　著

科学情報出版株式会社

◉まえがき

本書は、車載用の半導体センサとその技術について、できる限り具体的な事例や数値を交えて、その勘所をわかりやすく説明したものです。半導体センサとそれに係わる部品、材料、加工などに携わる現場の技術者の方々に、入門書の一つとして活用していただければ幸いです。また、車に関連する技術を幅広く勉強したいと思っている方や、様々なセンサビジネスに携わる実務者の方が、この分野での技術感覚を身につけていただくのにも役に立つものと思います。

本書では、第1章で車載用半導体センサの概要として、半導体センサの優れた特徴と車載用としての要件、半導体センサを構成する技術などを概説しています。第2章から第5章までの各章では、車載用半導体センサとして代表的な圧力センサ、加速度センサ、回転センサ、光センサのそれぞれについて、車での使われ方から説き起こし、各センサに必要な技術の基礎から具体例まで簡明に解説することを心がけました。最終の第6章では、車載用半導体センサの展望と題して、車の進化の動向とそれに対応する半導体センサの方向性を、筆者なりに述べています。

車の性能の進化は、今やその大部分が半導体技術によって支えられています。車はシリコンで走ると言っても過言ではないと思います。その中で半導体センサが、どのような技術でどんな役割を果たしてきたのか、そしてこれからどこへ向かうのか、本書を読んでいただくことによって、その一端が少しでも明らかになればと思います。

本書をまとめるにあたって、(株) デンソーの関係者の皆様には、多くの資料の提供や数々のご教示をいただきました。巻末にお名前を掲載し、心よりお礼を申し上げます。また、筆者の浅学非才を補うために、参照させていただいた文献の著者の方々にも感謝の意を表します。

最後に、休日の執筆活動を温かく見守ってくれた妻の直美と、かわいい笑顔が執筆の励ましとなった初孫の中尾奏介に本書を捧げます。

2010年1月 名古屋市の自宅にて

第1章 車載用半導体センサの概要

第2章 圧力センサ

第3章 加速度センサ

第4章 回転センサ

第5章
光センサ

第6章 車載用半導体センサの展望

第1章
車載用半導体センサの概要

1-1 電子制御システムとセンサ

車はたゆまぬ進化を続けています。その進化の方向は、環境、安全、快適という３つの大きなベクトルに沿って進んでいます。環境のベクトルは、地球の環境保全と資源保護のため、より環境にやさしく、かつ効率の良い車づくりを目指すものであり、安全のベクトルは、衝突時の乗員の傷害軽減から始まり、最終的には事故を起こさない車づくりを目指すものです。これら２つのベクトルが、いわば車の持つ課題を克服しようとする方向であるのに対して、快適のベクトルは、移動手段として優れた機能を持つ車を、さらに便利で快適なものにしたいというあくなき追求に基づくものと言えるでしょう。

これらの進化の原動力となっているのが、カーエレクトロニクスと呼ばれる電子制御技術です。図 1-1-1 に示すように、環境、安全、快適の３つのベクトルに沿って、様々な電子制御システムが実用化され、また、これからも開発されようとしています。いまや車には、電子制

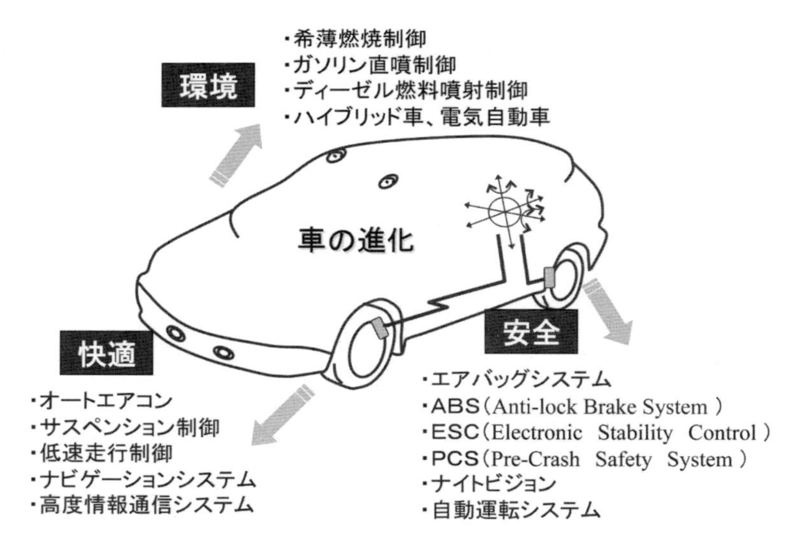

図1-1-1 車の進化のベクトルと電子制御システム

御は欠かせないものとなっており、車はシリコンで走ると言っても言い過ぎではないかもしれません。

電子制御システムは、基本的に図1-1-2に示すような構成となっています。センサやスイッチの信号が、ECU（Electronic Control Unit）に入力され、ECU内で信号処理、演算処理、論理処理等がなされ、適切な制御命令が、パワーデバイスを介して、モータやソレノイドなどのアクチュエータで実行されます。また最近では、ECU内に車内通信用のLAN（Local Area Network）トランシーバを備え、他のECU、もしくはスマートアクチュエータと呼ばれる、自律制御機能を内蔵したアクチュエータなどと通信をしながら、協調して制御をするということも多くなっています。

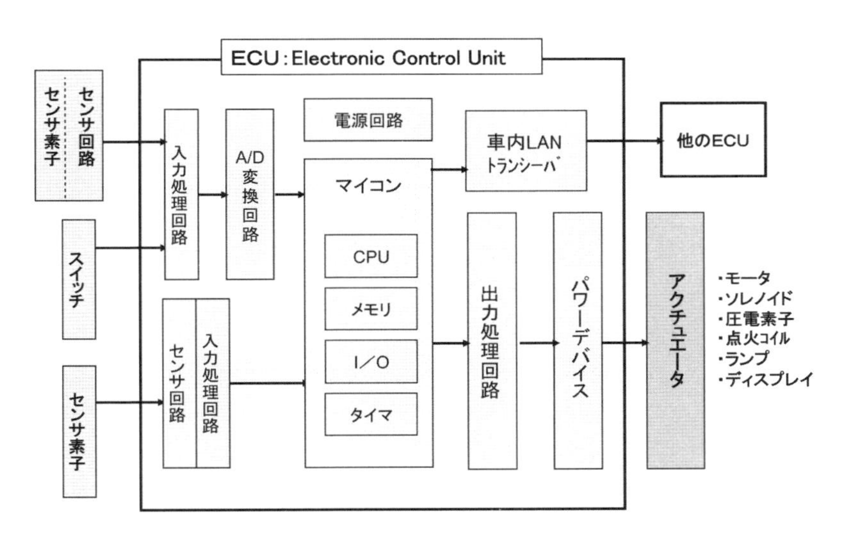

図1-1-2　電子制御システムの基本構成

センサは、図1-1-3に示すように、車の状態や外界の情報などを検出して、それを電気信号に変換し、制御入力情報もしくはフィードバック情報として、ECUに送る役割をします。車にはこのために実に多く

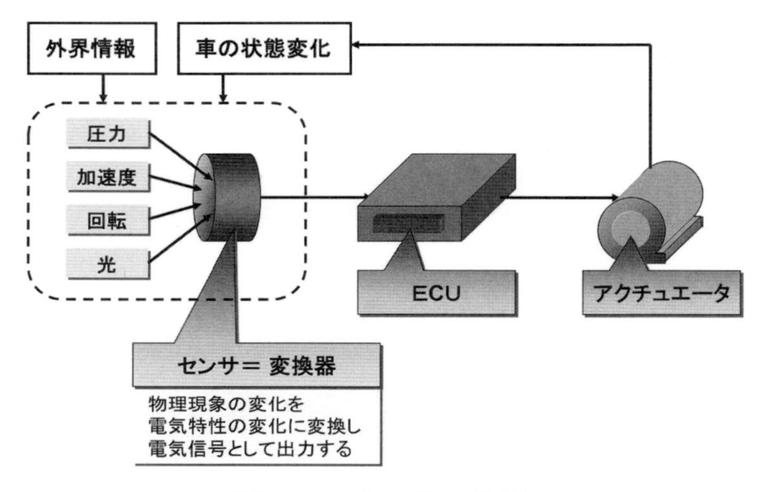

図1-1-3 センサの役割

のセンサが使われています。一例として、図1-1-4にガソリンエンジン制御に使われているセンサを示します。これらのセンサが、ある1つのエンジンにすべて使われるわけではありませんが、その数は10種以上を数えます。

では、車1台あたりで、どのくらいの数のセンサが使われているのでしょうか。車載用センサの数量はいくつかの集計データがありますが、ある統計データによれば、2008年の日米欧での車載用半導体センサの生産数量は約10億個とされています。この年の同地域での車両生産台数が約4200万台であることから、生産されたセンサの全てがこれらの車両に搭載されたと仮定すると、車1台あたりの平均で約24個の半導体センサが使用されていることになります。また、車の装備はいわゆる高級車と呼ばれるものほど充実していますので、試みに2009年に発売されたある高級車の解説書から、使用されているセンサの数を拾ってみますと、その数は実に120個余りにもなります。

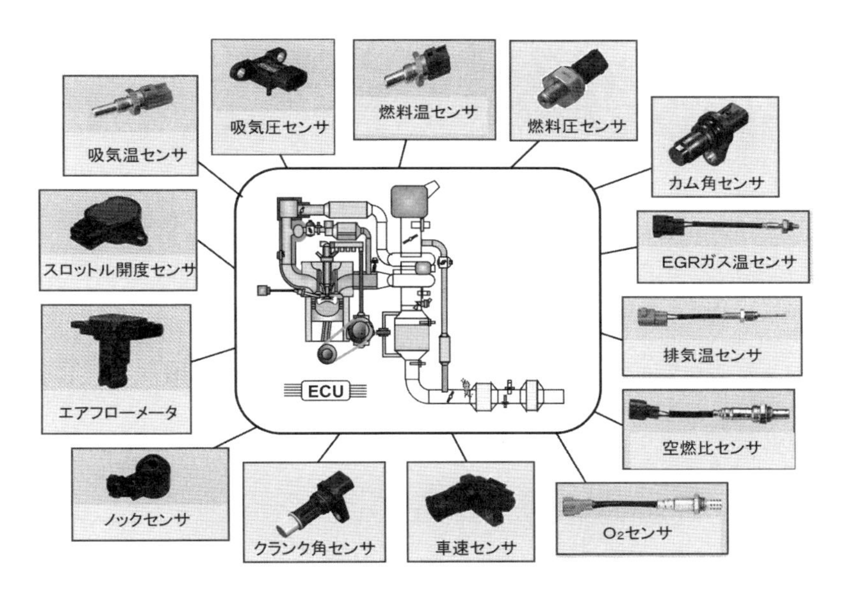

図1-1-4 ガソリンエンジン制御に使われる主なセンサ

1-2 車載用センサの分類

車載用の主要なセンサを整理、分類した表を表 1-2-1 に示します。センサの分類には、様々な観点がありますが、ここでは検出目的と検出対象の２軸で整理したものを示します。検出目的は、制御システムが必要とする温度や圧力などの検出対象の特徴量のことで、制御の目的が同じであっても、何を特徴量として検出するかは、その制御システムの設計によって決まります。

例えばガソリンエンジン制御において、空燃比（吸入空気量と燃料噴射量の比）の制御のために吸入空気量を検出する必要がありますが、これには、エアフローメータを用いて空気流量を直接計測する方式と、吸気圧センサで吸気管内負圧を検出して、これとエンジン回転数から間接的に吸入空気量を求める方式があります。この場合、本来の目的は、いずれも吸入空気量を検出することですが、吸気圧センサを用いる方

表1-2-1 代表的な車載用センサの分類

検出対象 検出目的	車両状態	周囲環境	乗員(操作・状態)
温度	・吸気温 ・EGRガス温 ・トランスミッション油温 ・バッテリ温度 ・水温 ・内気温 ・エンジン油温 ・排気温 ・エバポレータ出口温 ・燃料温	・外気温	**・乗員表面温度**
圧力	**・吸気圧 ・ブレーキ油圧 ・変速機油圧 ・タイヤ空気圧** **・ターボ圧 ・エアコン冷媒圧 ・パワーステアリング油圧 ・排ガス圧** **・タンク内圧 ・ガソリン燃料圧 ・ディーゼルコモンレール圧 ・燃焼圧**	**・大気圧**	
加速度 角速度 振動	**・前突 ・フロント(クラッシュゾーン) ・ロールオーバー ・ESC用** **・側突 ・セーフィング ・サスペンション用 ・傾斜計** **・ヨーレート ・ロールレート** ・ノック		
回転 位置	**・クランク角 ・車速 ・スロットル開度 ・トランスミッション回転数** **・カム角 ・車輪速 ・車高**		**・ステアリング** **・アクセル開度** **・ブレーキペダル**
トルク	**・ステアリングトルク**		
液面	・燃料 ・エンジンオイル ・ブレーキオイル		
電流	**・バッテリ電流**		
流量	**・吸入空気量(エアフローメータ)**		
ガス濃度 空気質	・O_2 ・空燃比 ・NO_x **・スモーク ・湿度**	・車外空気質(排ガス)	
光量(明るさ)		**・日射 ・周囲光(ライト、ミラー)**	
物体の 有無/距離		・バックソナー ・コーナソナー **・レーザ/ミリ波レーダ ・雨滴**	**・乗員検知** **・侵入検知**
画像		**・後方監視 ・周辺監視** **・前方監視 ・暗視カメラ**	**・ドライバモニタ**

式では、特徴量として吸気管内圧力を選択して制御システムを設計しているわけです。従ってここでは、エアフローメータの検出目的は流量、吸気圧センサは圧力として分類しています。また、ここで注意しておきたいのは、検出目的は、センサが検出する直接の物理量とは必ずしも一致しないということです。例えば、回転を検出目的とするセンサの中には、光量の変化を検出することによって回転数を検出するセンサがありますが、これは光を検出目的とするセンサではなく、回転を検出目的とするセンサに分類しています。

検出対象は、車自体の状態を検出対象とするものと、それ以外の周囲環境、および乗員の操作や状態を検出対象とするものの３つに分けてあります。なお、表の中に太字で表したセンサは、次の項で述べる半導体センサが使われていることを示します。

この表を検出目的別にみると、温度や圧力、加速度、回転を検出目的とするセンサが多く、これらの特徴量が、車の電子制御システムの基本情報になっているということがいえます。一方、検出対象については、車の状態を検出対象とするものが多いということは当然ですが、近年の車の進化、特に安全や快適のベクトルでの進化に伴って、周囲環境や乗員の状態を検出するセンサが新たに搭載されることが多くなっており、これらのセンサの重要性がこれからますます大きくなってくるものと思われます。

1-3 車載用半導体センサ

センサを検出部として機能する部分の構成材料で分類すると、金属、セラミック（大半が金属酸化物）、半導体、高分子有機材料などに分けられます。このうち、シリコンを代表格とする半導体は、光を電流あるいは電圧に変換する光起電力効果や、応力に対して抵抗値が敏感に変化するピエゾ抵抗効果など、独特のセンサ機能を持っています。このため、一般的には、このような半導体の物性を利用して、センシング部に半導体材料を使用したセンサを半導体センサと呼ぶことが多いようです。しかし、本書では、センシング部の構成材料が半導体以外でも、薄膜の形成や微細なエッチングなどの半導体集積回路の製造技術を利用して、そのセンシング部を半導体ウェハ上に形成してセンサデバイスとしたものも含めて、車載用の半導体センサと呼ぶことにします。

この定義に従って、表 1-2-1 に示した車載用センサのうち、半導体センサが使われているものを太字で示しましたが、これを見ると、温度と液面、ガス濃度以外の検出目的のほとんどで、半導体センサが広く使われているのが分かります。

1-3-1. 半導体センサの特徴

シリコンのウェハ加工をベースにした半導体センサには、次に示すような４つの大きな特徴があります。

① 感度の高い様々なセンサ機能を物性として持つ
② シリコン自体が優れた材料特性を持つ
③MEMS（Micro Electro Mechanical Systems）あるいはマイクロマシニングと呼ばれる技術で微細な構造体が精度良く作製できる
④ センサ部と信号処理回路部を１チップ上に合わせて作り込める

これらの４つの特徴については、第２章以降に述べる各半導体センサの技術において、多くの具体的な事例を示しますので、ここでは、以下の簡単な説明にとどめておきます。
① センサ機能としての物性
半導体が持つセンサ機能としての主な物性を表 1-3-1 に示します。ここに示した物性の中で、光起電力効果はフォトダイオードを代表とする光センサに利用されており、ピエゾ抵抗効果は圧力センサや加速度センサに利用されています。また、磁界中で電流と垂直方向に電圧が発生するホール効果は、回転センサなどに広く利用されています。
② シリコンの材料特性
シリコンの主な材料特性を、構造用金属として多量に使われている鉄と比較して、表 1-3-2 に示します。これを見て分かるように、シリコンは、ヤング率や融点などで鉄に匹敵する特性を持ちながら、鉄に比べて１／３以下の重さで､熱伝導率は３倍以上高いという特長を持っています。またこれ以外に、シリコンは繰り返しの変形に対する疲労特性に優れています。この疲労特性は､圧力センサや加速度センサなど､検出のために機械的な変位を伴うセンサには重要な特性であり、この特徴を活かして、高い耐久性を持ったセンサデバイスが実現できます。
③MEMS（Micro Electro Mechanical Systems）

表1-3-1　半導体のセンサとしての物性

物理量	信号変換効果
光・放射	光起電力効果、光電子効果 光導電効果、光磁気電子効果
応力	ピエゾ抵抗効果
熱・温度	ゼーベック効果、熱抵抗効果
磁気	ホール効果、磁気抵抗効果
イオン	イオン感応電界効果

表1-3-2　シリコンの材料特性

	Si	Fe
密度 $(g \cdot cm^{-3})$	2.33	7.86
ヤング率 (GPa)	190 (111)結晶面	210
融点 (℃)	1412	1534
比熱 $(J \cdot g^{-1} \cdot K^{-1})$	0.76	0.64
熱膨張係数 $(10^{-6}/℃)$	2.33	15
熱伝導 $(W \cdot m^{-1} \cdot K^{-1})$	168	48

MEMS 技術は、集積回路デバイスの製造技術として確立されてきた絶縁膜や金属膜などの薄膜形成技術、フォトリソグラフィによる微細なパターニング技術、選択エッチング技術などを利用して、シリコン基板上に立体的な構造体を形成する技術です。この技術によって、図1-3-1 に示すような圧力センサのダイアフラム（圧力によってたわむ薄板）や加速度センサの可動部（加速度によって変位するおもりとそれを支えてばねの役割をする梁）などの構造体を精密に作製することが

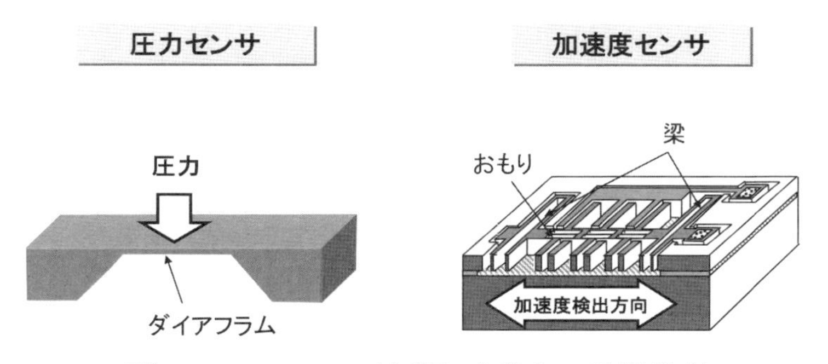

図1-3-1　MEMS技術によるセンサ構造体

できます。

④センサ部と信号処理回路部の1チップ化

フォトダイオードのように半導体デバイスと同様な構造のセンサデバイスだけでなく、先に述べたMEMS技術によって、機械的な構造のセンサデバイスもシリコン基板上に作製できるため、多くの半導体センサが、センサ部と信号処理回路部を1チップに集積できるというのは必然のことです。

集積回路プロセスを利用した1チップ化の利点としては、まず製品の小型化と、多数のセンサを一括して製造できるため低コスト化ができるという点を挙げることができます。それに加えて、センサデバイスと信号処理回路の間の配線を最短で結ぶことができるというのが、大きなメリットです。センサデバイスによって変換される電圧、電流、抵抗、容量などの電気信号は、いずれも極めて微小な信号ですので、配線に伴う寄生の容量をはじめ、抵抗成分やインダクタンス成分を含めた寄生インピーダンスによる検出誤差は無視できません。従って、この影響を最短の配線で極めて小さくすることができるというのは、非常に大きなメリットです。

1-3-2 車載用半導体センサに求められる要件

半導体センサは、様々な分野で幅広く用いられています。その中の4つの代表的な分野について、センサに求められる主な項目を大まかに比較した表を表1-3-3に示します。車載用センサは、計測分野や航空機ほどの高精度は求められませんが、搭載環境は温度、振動、電源環境のどれをとっても、他の分野に比べて非常に厳しく、にもかかわらず価格は家電とそれほど差のないレベルが求められます。

車載用の半導体センサに望まれる主な事項をまとめると、以下の7項目に集約されるかと思います。

①耐環境性に優れる（耐熱、耐湿、耐振、耐電磁環境など）

② 劣化がなく、長期間の使用に耐える

③ 小型・軽量で、使いやすい（搭載性）

表1-3-3　センサへの要求レベルの比較

項目＼分野	自動車	家電	計測	航空機
精度	1～数%	～数%	0.1～1%	0.1～1%
温度範囲	-40～150℃	-10～50℃	0～40℃	-55～70℃
耐振性	～25G	～5G	～1G	～10G
電源変動	±50%	±10%	±10%	±10%
価格	100～1,000円	100～1,000円	1,000～10,000円	1,000～10,000円

④ 異なる機能を集積できる（複合化技術）
⑤ 低コストである
⑥ 消費電力が少ない
⑦ 自己診断機能を有する

ここに挙げた項目は、他の分野の製品でも少なからずあたりまえのこととして求められるものがほとんどですが、車載用センサでは、①の「耐環境性に優れる」ことと、②の「劣化がなく、長期間使用に耐える」ことが、最も重要な事項になります。

1-3-3　車載用半導体センサの搭載環境

車載製品の置かれる環境は、温度、湿度、振動、被水、電気雑音などいずれも非常に厳しい条件になります。例えば、温度について示すと、車両各部の最高温度は表1-3-4のようになります。従って、車室内に置かれるセンサでも使用最高温度は100℃程度が求められ、エンジンルーム内の場合は125℃程度、エンジンに直接搭載されるセンサでは、150℃でも正常に動作することを要求されるものがあります。温度以外の要件も含めて、車載用半導体センサに要求される最も厳しい条件をまとめて示すと、表1-3-5のようになります。

表1-3-4 車両各部の最高温度

エンジンルーム各部の最高温度例

エンジンクーラー	120℃
エンジンオイル	120℃
トランスミッションオイル	150℃
吸気マニホールド	120℃
排気マニホールド	650℃
オルタネータ吸気エア	130℃

車室内各部の最高温度例

ダッシュボード上部	120℃
ダッシュボード下部	71℃
室内床面	105℃
リアデッキ	117℃
ヘッドライニング	83℃

表1-3-5 車載用半導体センサの厳しい環境条件

温度	-40～150℃
湿度	～95%RH
振動	～30G
電源電圧	5～16V
静電気（ESD）	±25kV
電磁ノイズ（EMC）	200V/m

このような厳しい環境下で、車載用半導体センサには、高い信頼性と耐久性が求められており、保証期間内の不良率は1ppm以下、製品寿命は20年以上が目標となっています。このため、耐久試験においても非常に過酷な条件が課せられます。その一例として、センサに使用されるある電子部品の耐久試験条件を、家電用と比較して表1-3-6に示します。これを見ると、自動車用は試験温度条件が厳しく、試験時間も家電用の2倍以上というように、大きな差があることがわかります。

表1-3-6 耐久試験条件の比較

試験項目＼分野	自動車	家電
温度サイクル試験	-40～150℃／2000サイクル	-25～85℃／数100サイクル
耐湿負荷試験	85℃、80～85%RH／2000時間	40℃、90～95%RH／500時間
高温負荷試験	150℃／2000時間	85℃／1000時間

1-3-4　車載用半導体センサの技術

半導体センサは、主に次の３つの要素技術から成り立っています。
①センサデバイス技術
②信号処理回路技術
③パッケージング技術

これらの技術は、図 1-3-2 に示すように、それぞれがセンサ性能の鍵を握るとともに、互いに関連し、また補完しあってセンサ製品を成立させています。この３つの要素技術とセンサの主要な性能項目との関連性を整理した表を表 1-3-7 に示します。

センサの性能項目の中で、感度は、検出対象量の変化をどれくらい敏感に検出できるかを示すもので、センサデバイスによって大きく左右されます。ダイナミックレンジは、検出対象量が測定できる下限と上限の幅、すなわち測定が可能な範囲のことで、下限値は信号と雑音

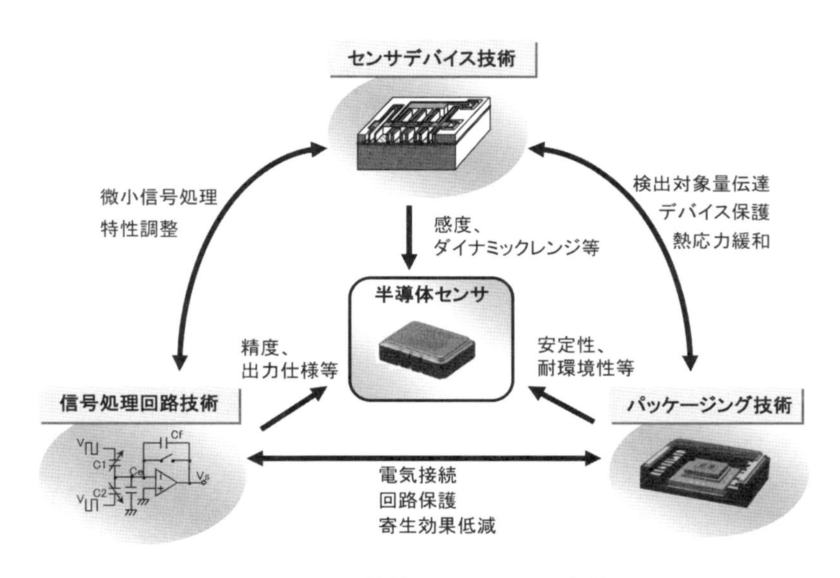

図1-3-2　半導体センサの要素技術

表1-3-7 センサ性能と要素技術の関連

性能項目＼要素技術	センサデバイス	信号処理回路	パッケージング
感度	◎	○	○
ダイナミックレンジ	◎	○	○
安定性	○	○	◎
精度	○	◎	○
選択性	◎	—	○
応答性	◎	○	○
耐環境性	○	○	◎
過負荷耐量	○	○	○
出力仕様	○	◎	—
サイズ	○	○	◎
コスト	○	○	○

◎：関連大　○：関連あり　—：関連なし

の比（S／N比）によって決まります。

安定性は、短期的な再現性と長期的な経時変化がありますが、車載用センサでは厳しい環境による経時変化への配慮が重要です。精度は、測定範囲内における検出対象量をいかにばらつきが少なく測定できるかで、通常、測定上限値（フルスケール:FS）に対する割合（%FS）で表されます。

選択性は、検出対象量とそれ以外のセンサへの作用量をいかに区別できるかを示すもので、検出対象量に対する感度とそれ以外の作用量に対する感度の比などで評価されます。応答性は、検出対象量の時間的変化に対する追従性で、制御システムの要求に適合するものでなければなりません。

耐環境性と過負荷耐量は、センサの搭載環境や使われ方を的確に把握して、それに備える必要があります。出力仕様は、大きくはアナログ出力かデジタル出力かに分かれますが、制御システムからみたセンサの使いやすさを左右します。サイズとコストについては、特に説明の必要はないと思いますが、車載用センサにとって、特に重要な項目であることは言うまでもありません。

これらの性能項目に対して、センサデバイス技術は、その大半を左右する要素技術ですが、その中でも特に、感度やダイナミックレンジといった性能項目に大きな影響を与えます。また、選択性や応答性についても、センサデバイスの特性によってほぼ決まります。

信号処理回路技術は、センサデバイスからの微小な電気信号から検出対象量の信号を抽出、増幅するのが主たる役割で、検出精度を大きく左右します。また、センサデバイスやパッケージング構造のばらつきによる感度やオフセットのばらつきを調整して、制御システムの要求仕様に適合した出力信号に整える役目をします。

最後にパッケージング技術ですが、一般に電子製品のパッケージング技術は「保護」、「接続」、「放熱」の３つの役割を持っています。「保護」は、外部環境からの物理的あるいは化学的アタックなどから電子回路を守ることであり、「接続」は、電子回路の電源や入出力信号を外部とやり取りするため、電気的な経路を確保することです。また、「放熱」は、電子回路の発熱を外部へ逃がすため、熱流の経路を形成することです。

これに対して、半導体センサのパッケージング技術には、検出対象量を外部からセンサデバイスへ「伝達」するという役割が加わります。これは、図 1-3-3 に圧力センサを例にとって示すように、センサの入力信号が、一般の電子回路のような電気信号ではなく、例えば圧力という物理量になるからです。このことが半導体センサのパッケージング技術を難しいものにしています。例えば吸気圧センサの場合、エンジンの吸気の圧力をセンサデバイスに伝達するとともに、吸気に含まれる汚れ成分からセンサデバイスを保護しなければならないというように、外界からの「伝達」と外界に対する「保護」という対立要素を両立する必要があるからです。

特に、車載用の場合は、車載特有の厳しい環境からセンサデバイスと信号処理回路を保護する必要があり、パッケージング技術は、センサの安定性と耐環境性の鍵を握る技術になります。このため、センサ

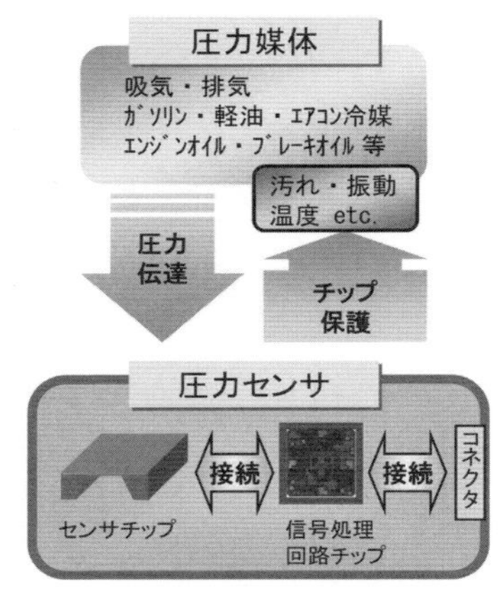

図1-3-3 パッケージング技術の役割

デバイス技術や信号処理回路技術が、他の分野のセンサと比較的共通性が高いのに対して、パッケージング技術は、他の分野には見られない車載特有の技術が使われることが多く、車載用半導体センサを特徴づける技術であると言えます。

◉参考文献

トヨタ自動車株式会社
　クラウンマジェスタ新型車解説書、2009年6月
太田実、他
　自動車用センサ、山海堂、2000
森泉豊栄、中本高道
　センサ工学、昭晃堂、1997

第2章
圧力センサ

2-1 圧力センサの用途

圧力センサは、車の様々な制御のために最も幅広く用いられているセンサで、車載用半導体センサとしては代表的なものです。

表 2-1-1 に、現在製品化されている主な車載用圧力センサの用途を、圧力レンジ順に整理して示します。半導体圧力センサが、車載用としてはじめて用いられたのは 1979 年のことで、ガソリンエンジンの燃料噴射制御のために、吸気管内の吸入空気圧を検出する吸気圧センサがその始まりです。この吸気圧センサの圧力レンジは 100KPa 程度、つまり約 1 気圧ですが、エンジン制御のキーとなるセンサとして広く用いられ、車載用圧力センサの中でも主要な地位を占めています。

エンジン制御に次いで、駆動系や走行系の電子制御が発展するにつれ、変速機やブレーキなどの油圧機器の制御用として、圧力レンジが 1MPa 以上の高圧センサが製品化されてきました。その後高圧分野では、ガソリン直噴エンジン用の燃料圧センサで 20MPa の圧力レンジの高圧センサが使われるようになり、さらにディーゼルエンジンのコ

表2-1-1 車載用圧力センサの用途

圧力レンジ	低圧	中圧	高圧	
	5〜10KPa	100〜200KPa	0.5〜20MPa	〜200MPa
用途	・タンク内圧	・吸気圧 ・大気圧 ・排ガス圧 ・ターボ圧 ・ブレーキ ブースター圧	・エアコン冷媒圧 ・変速機油圧 ・エンジン油圧 ・サスペンション油圧 ・ガソリン燃料圧 ・ブレーキ油圧	・ディーゼル コモンレール圧
製品外観例	タンク内圧	吸気圧	エアコン冷媒圧　ガソリン燃料圧	ディーゼル コモンレール圧

モンレール式燃料噴射システム用として200MPaという超高圧のコモンレール圧センサが製品化されています。

一方、低圧センサとしては、北米における燃料配管系から発生するガソリン蒸気の漏れを規制するエバポエミッション規制に対応して、ガソリン蒸気の漏れを検出するために、5KPaという微小な圧力レンジで燃料タンク内の圧力変化を検出するタンク内圧センサが製品化されています。このように自動車用の圧力センサの用途は、圧力レンジで見ても5KPaから200MPaまで､約4万倍の広範囲に渡っています。

このように、圧力センサは様々な用途に使用されますが、共通して言えることは、その要求仕様の厳しさです。その一例として、表2-1-2に、代表的な圧力センサの要求精度と使用温度範囲を示します。

エンジンルームに搭載されるセンサは、押しなべて-30～120℃の使用温度範囲ですが、エアコン制御に用いられる冷媒圧センサにいたっては、-30～135℃の温度範囲での性能保証が必要です。そして、このような広い使用温度範囲にもかかわらず、精度は1%ないしは2%FSの高精度が要求されているのです。

このため車載用の圧力センサでは、温度変化で生じる熱応力が大き

表2-1-2　車載用圧力センサの仕様例

用途	フルスケール圧	要求精度	使用温度範囲
ディーゼルコモンレール圧	200MPa	1%FS	−30～120℃
ガソリン燃料圧	20MPa	2%FS	−30～120℃
サスペンション油圧	2MPa	2%FS	−30～120℃
エアコン冷媒圧	3.5MPa	2%FS	−30～135℃
吸気圧	100KPa	1%FS	−30～120℃
大気圧	100KPa	1%FS	−30～90℃
タンク内圧	5KPa	2%FS	−30～120℃

な問題となります。つまり、熱応力に起因する出力誤差あるいは耐久変動に対する処方が、製品開発における非常に重要な課題の一つです。これについては、後で述べる各種のセンサの具体的な解説の中で、種々の対応技術を詳しく説明します。

2-2 圧力センサの方式

車載用圧力センサでは、圧力検出の方式として主に４つの方式が使われています。それを示したのが表 2-2-1 です。圧力検出の原理としてはピエゾ抵抗式と静電容量式の２つがあります。ピエゾ抵抗式には、単結晶シリコン（Si）内に形成した拡散抵抗のピエゾ抵抗効果を用いた Si ピエゾ抵抗式と、金属ベース上に形成した薄膜の多結晶シリコン（Poly-Si）のピエゾ抵抗効果を利用する薄膜ピエゾ抵抗式があります。

静電容量式は、平行平板の一方を固定電極、もう一方を可動電極とし、可動電極に圧力が印加されると、可動電極がたわんで固定電極と

表2-2-1 圧力センサの方式

	ピエゾ抵抗式		静電容量式	
	Siピエゾ抵抗式	薄膜ピエゾ抵抗式	セラミック容量式	Si容量式
構造	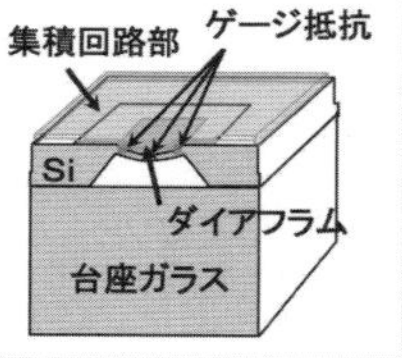 集積回路部 ゲージ抵抗 Si ダイアフラム 台座ガラス	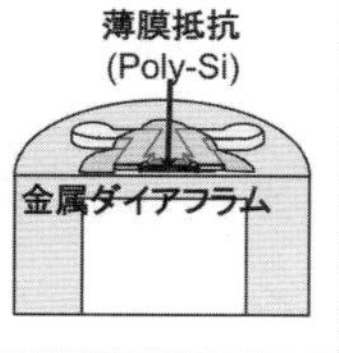 薄膜抵抗 (Poly-Si) 金属ダイアフラム	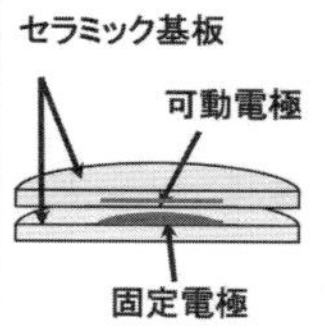 セラミック基板 可動電極 固定電極	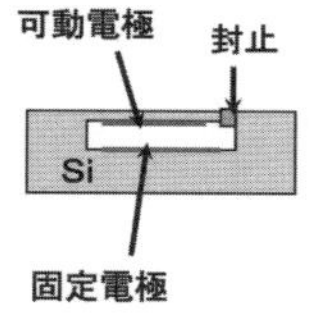 可動電極 封止 Si 固定電極
感度	中	小	大	大
集積回路 工程の利用	容易	難	難	容易
回路の 集積化	容易	難	難	容易
耐圧	中	大	大	小

可動電極の間隔が変化します。これを静電容量の変化として検出するものです。静電容量式には、平行平板にセラミック基板を使用したセラミック容量式と、シリコン基板をエッチング加工して平行平板を形成したSi容量式があります。

これら4つの方式は、表2-2-1にも示すように一長一短がありますが、Siピエゾ抵抗式は、集積回路（IC）プロセスを利用してセンサデバイスを作製することができ、信号処理回路の集積化も容易なことから、最も多く使われています。図2-2-1に圧力センサの分野別と方式別の数量推計データの一例を示しますが、Siピエゾ抵抗式は、圧力センサの全体数量の中で、85%以上を占めています。薄膜ピエゾ抵抗式やセラミック容量式は、センシング構造自体が高耐圧な構造となっているため、高圧センサでよく使われており、両方式をあわせると、高圧分野においてはSiピエゾ抵抗式をやや上回る数量になっています。Si容量式は、ダイアフラムを比較的薄く加工しやすく、低い圧力での感度を高くとれるため、低圧センサの用途に向いていま

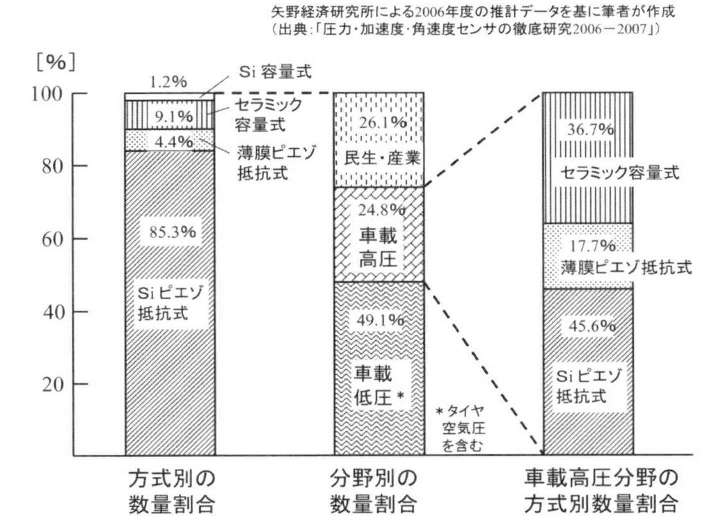

図2-2-1　圧力センサの数量割合

すが、その数量割合は、わずか1%強に過ぎません。

本書では、最も多く使われているSiピエゾ抵抗式の圧力センサについて、種々の技術を以下に順次説明したいと思います。

2-3 Siピエゾ抵抗式の圧力センサ

第1章で述べたように、半導体センサの主要な技術は、①センサデバイス技術、②信号処理回路技術、③パッケージング技術の3つです。圧力センサの場合、これら3つの主要技術のうち、パッケージング技術は用途に応じて様々な技術が用いられますが、センサデバイスと信号処理回路については、同じSiピエゾ抵抗式の圧力センサであれば、そのほとんどが共通の技術を用います。そこで、まず本項では、Siピエゾ抵抗式のセンサデバイスと信号処理回路の技術について、具体的に説明します。

2-3-1. 圧力センサの全体構造

最初に、圧力センサの全体構造について簡単に触れておきたいと思います。圧力センサの構造には、様々なものがありますが、図2-3-1に示す構造を例に説明します。これは、先に述べた吸気圧センサの代

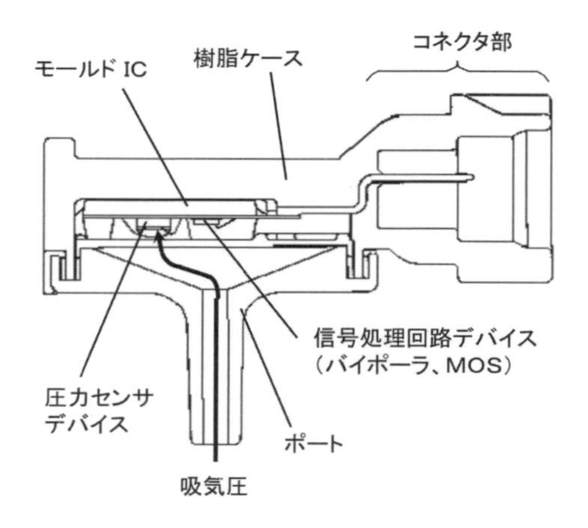

図2-3-1 圧力センサの構造(吸気圧センサの例)

表的な構造例です。

　このセンサ構造では、コネクタ部を有する樹脂ケースに、センサの心臓部であるモールドICと、吸気圧を導入するポートが接着固定され、モールドICの電源・GND・圧力信号出力の3つの端子は、樹脂ケースにインサートされたコネクタターミナルに溶接されています。

　モールドICには、圧力センサデバイスがモールドの一部に設けられた窪みに接着材で固定されています。また信号処理回路デバイスとして、圧力センサデバイスからの信号を増幅するバイポーラICとセンサの特性を調整するために固有データを記憶させたMOS ICが、モールド内に組込まれています。

2-3-2 圧力センサデバイスの構造

　図2-3-2に示すように、圧力センサデバイスは2～3mm□のシリコンチップと台座ガラスから成りたっています。シリコンチップは中央部を薄肉に加工して形成したダイアフラム部分を有しており、チップの厚さは通常300μm程度で、ダイアフラム部分のサイズと厚さは、測定する圧力レンジよって異なりますが、吸気圧センサの場合、1mm□程度のサイズで厚さは30～40μm程度です。このシリコンチップが台座ガラスと接合され、ダイアフラムの下にキャビティが形成されます。

　このキャビティは、シリコンチップと台座ガラスの接合を真空中で

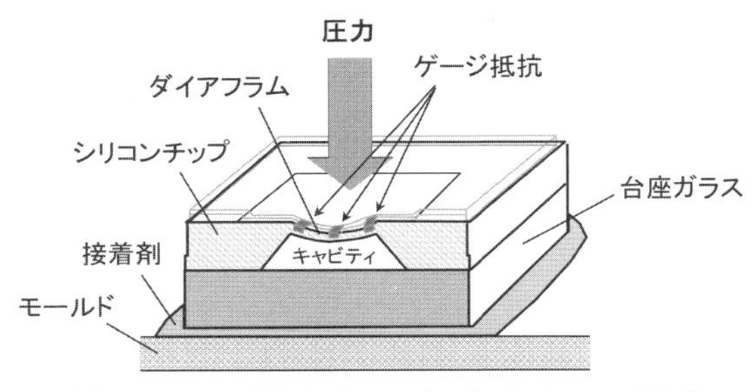

図2-3-2　圧力センサデバイスの構造

行うことによって真空室となり、圧力測定の基準室になります。つまりダイアフラムの片面側に圧力0の真空基準室を設けることによって、ダイアフラムのもう一方の面に印加される圧力の絶対値が測定できることになります。このようなタイプの圧力センサを絶対圧センサと呼びます。

一方、例えば台座ガラスに穴あけをするなどして、キャビティ部分を真空室とせずに開放空間とするタイプの圧力センサもあります。このタイプの圧力センサは、ダイアフラムの両面に印加される圧力差を検出するもので、相対圧センサもしくは差圧センサと呼ばれます。先に述べた用途の中で、燃料タンクの内と外の微小な差圧を検出するタンク内圧センサや超高圧のコモンレール圧センサが、この相対圧センサにあたります。

ダイアフラム上にはゲージ抵抗と呼ばれる拡散抵抗が一体的に形成されています。圧力がダイアフラム表面に印加されるとダイアフラムがたわみ、これをゲージ抵抗の抵抗値変化として検出します。この検出原理を以下に詳しく説明します。

2-3-3 ピエゾ抵抗式の圧力検出原理

図2-3-3に圧力の検出原理を示します。ダイアフラムは圧力が印加されると下方にたわみ、ダイアフラム表面に発生する応力は、図に示したように中央部で圧縮、端部で引張応力となります。この応力値σはダイアフラムの変位が微小であれば圧力Pに比例します。

$\sigma \propto P$　　・・・(2-1)

この時,ゲージ抵抗Ra～Rdを、図2-3-3に示したようなダイアフラム上の位置に配置すれば,中央部のRb,Rcには圧縮応力,端部のRa,Rdには引張応力が作用することになります。

一般に、長さL、断面積A、比抵抗ρの抵抗体の抵抗Rは、

$R = \rho L / A$　・・・(2-2)

です。これに引張力が加えられて、L、A、ρ、Rのそれぞれが、L＋ΔL、A−ΔA、$\rho + \Delta\rho$、R＋ΔRに変化したとすると、

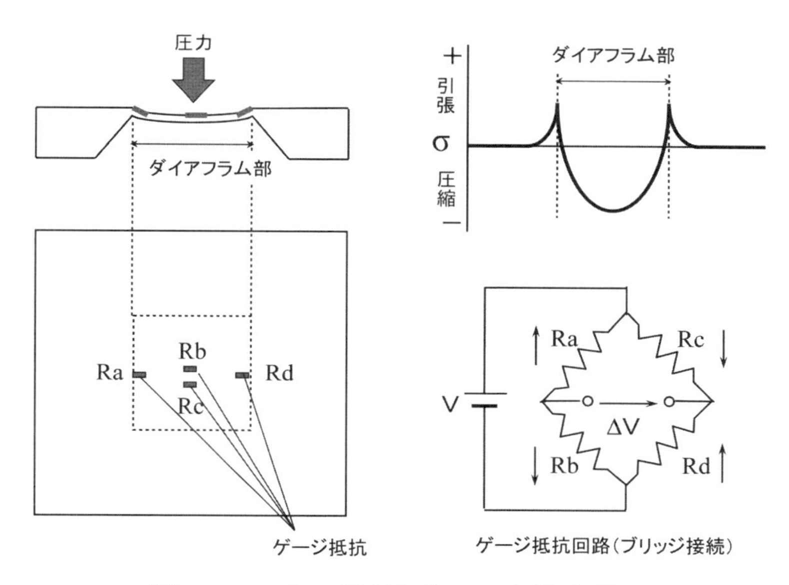

図2-3-3 ピエゾ抵抗式の圧力検出原理

$$R + \Delta R = (\rho + \Delta\rho) \cdot (L + \Delta L) / (A - \Delta A) \quad \cdots (2\text{-}3)$$

と表せます。(2-2) 式と (2-3) 式から抵抗変化率$\Delta R / R$が求められますが、ひずみ$\Delta L / L$が微小であれば、抵抗変化率$\Delta R / R$は、2次以上の項を省略して、

$$\Delta R / R = (\Delta L / L) - (\Delta A / A) + \Delta\rho / \rho \quad \cdots (2\text{-}4)$$

となります。この (2-4) 式は、ポアソン比νを用いれば、次のように表されます。

$$\Delta R / R = (\Delta L / L) \cdot (1 + 2\nu) + \Delta\rho / \rho \quad \cdots (2\text{-}5)$$

ただし、$\Delta A / A = -2\nu \cdot (\Delta L / L)$

(2-5) 式の右辺第1項は抵抗体の形状変化による抵抗変化分を表し、第2項はひずみによる抵抗体の比抵抗変化分を表しています。通常の金属では、ひずみによる比抵抗変化は非常に小さく、第1項の形状効果に比べて無視できる程度ですが、半導体結晶では、形状効果に比べてひずみによる比抵抗変化が圧倒的に大きく、同じひずみに対してより大きな抵抗値変化を得ることができます。

このひずみ、または応力により比抵抗が変化する現象はピエゾ抵抗効果として知られており、これを用いた圧力センサをピエゾ抵抗式圧力センサと呼ぶわけです。このピエゾ抵抗効果による抵抗変化率 $\Delta R / R$ は、ほぼ応力 σ に比例するとみなすことができ，次式のように表せます。

$\Delta R / R = \pi \cdot \sigma$ ・・・(2-6)

ピエゾ抵抗効果は、引張応力で抵抗値が増加し、圧縮応力では抵抗値が減少します。なお、この比例定数 π をピエゾ抵抗係数と呼びます。

ここで簡単化のため、ゲージ抵抗 Ra ～ Rd を同一形状で同一抵抗値 R となるよう形成し、Ra と Rd に作用する引張応力 σ と等しい値の圧縮応力 $-\sigma$ が作用するように Rb と Rc を配置すれば、Ra と Rd の抵抗値増加率と Rb と Rc の抵抗値減少率は次式のように等しくなります。

$\Delta Ra / Ra = \Delta Rd / Rd = \pi \cdot \sigma = \Delta R / R$ ・・・(2-7)

$\Delta Rb / Rb = \Delta Rc / Rc = -\pi \cdot \sigma = -\Delta R / R$ ・・・(2-8)

これらのゲージ抵抗を図 2-3-3 に示したようにブリッジ接続すれば、Ra と Rb の接続点の電圧は、Ra が増加し Rb が減少するため低下し、Rc と Rd の接続点の電圧は逆に上昇するので、電圧差 ΔV が生じます。このブリッジ間の電圧差 ΔV は、(2-7) と (2-8) 式の関係を使って計算すると、

$$\begin{aligned}\Delta V &= \{(R + \Delta R) / 2R\} \cdot V - \{(R - \Delta R) / 2R\} \cdot V \\ &= (\Delta R / R) \cdot V \\ &= \pi \cdot \sigma \cdot V \propto P \quad \cdots (2\text{-}9)\end{aligned}$$

となり、圧力 P に比例した電圧変化が得られることになります。

このブリッジ接続は、検出対象量の変化よって、互いに逆方向の変化をするもの同士の差をとる方式で、差動出力方式と呼ばれます。差動出力方式には、検出対象量以外の変化、例えば温度変化に対して抵抗値は同じ方向に変化するため、差をとることによってキャンセルすることができるという特徴があり、センシングの基本として、多くのセンサで用いられている信号出力方式です。

以上に述べたピエゾ抵抗式の半導体圧力センサは、通常Ｎ型のシリコン結晶のダイアフラムにＰ型拡散層によってゲージ抵抗が形成されています。ゲージとダイアフラムは、機械的には一体の構造であるため、例えば、ゲージがダイアフラムから剥離するというような懸念は全くなく、構造的な経時変化がほとんどないという特長があります。また電気的には、Ｎ型のダイアフラムに回路上の最高電圧（通常は電源電圧）を印加すれば、Ｐ型のゲージとは逆バイアス状態が保たれるため、良好な絶縁性が得られます。さらに、４つのゲージ抵抗は、極めて寸法精度の高い集積回路の加工技術で形成されるため、抵抗値の均一性が良く、高い検出精度を得ることができます。

2-3-4 圧力センサデバイスの製造技術

圧力センサデバイスの製造工程フローを図2-3-4に示します。表面の加工は、フォトエッチング、拡散、蒸着など、通常の集積回路プロセスを用いて行われ、ゲージ抵抗、電極、保護膜が形成されます。次

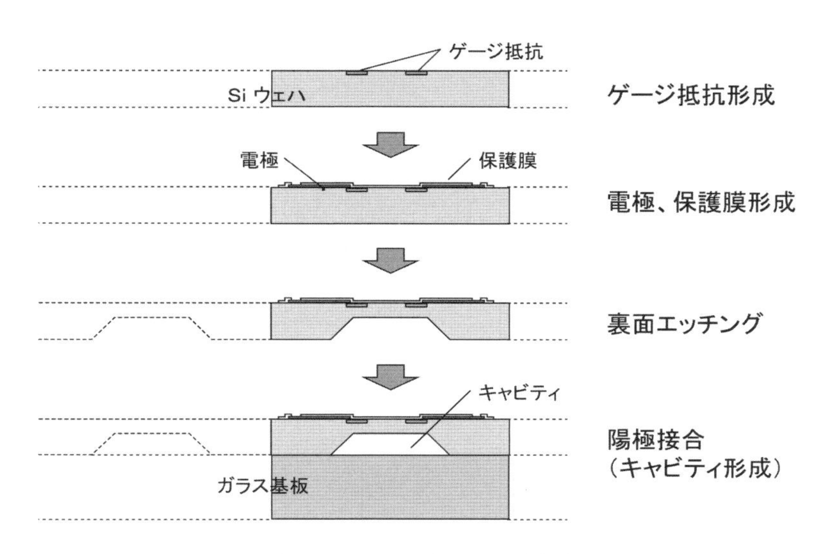

図2-3-4　圧力センサデバイスの製造工程フロー

に、裏面からシリコンをエッチングしてダイアフラム部を形成した後、ガラス基板を接合します。

ダイアフラムは、アルカリ溶液を用いて裏面よりエッチングすることによって形成します。KOH等のいくつかのアルカリ溶液は、シリコンの結晶面によって異なるエッチング速度を持ちます。このような溶液を用いて行うエッチングを異方性エッチングといいます。シリコン結晶は図2-3-5に示すような結晶の面方位を持っていますが、KOH等によるエッチングでは、(111) 面のエッチングレートが、(100) 面や (110) 面に比べて2桁以上小さいのです。このため、図2-3-6に示すように、面方位に関係なく同じ速度でエッチングが進む等方性エッチングでは、丸いエッチング形状になるのに対して、異方性エッチングでは、エッチングが進むにつれ (111) のテーパー面が現われ、図に示すような薄肉のダイアフラムを得ることができます。

また、この結晶面によるエッチング速度の違いは、どの結晶面をエッチングするかによって、出来上がりのダイアフラムの平面形状を変えることができます。図2-3-7に、シリコンの (100) 基板と (110) 基板のそれぞれを異方性エッチングした場合のダイアフラム形状を示します。なお、これらの形状は、シリコンの面方位によるエッチング速度をデータベース化し、異方性エッチングで形成されるシリコンの形状をシミュレートできるエッチングシミュレータを用いて求めたものです。

図2-3-7に示すように、異方性エッチングを用いて形成する (100) 基板のダイアフラムの平面形状は四角形となります。一方、(110)

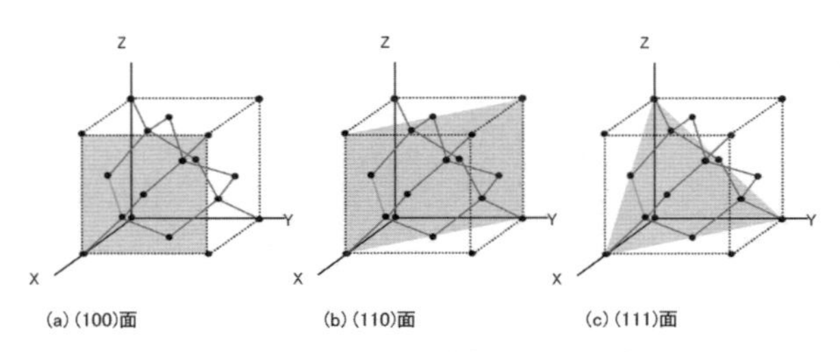

図2-3-5 シリコン結晶の面方位

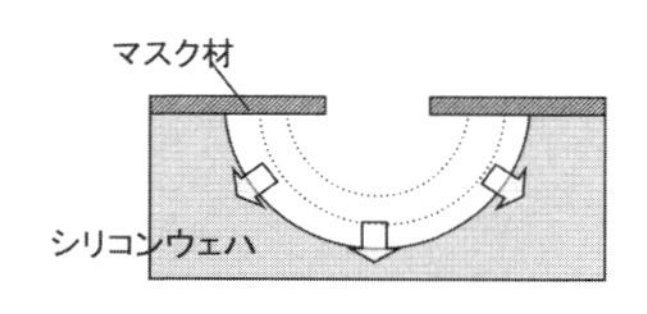

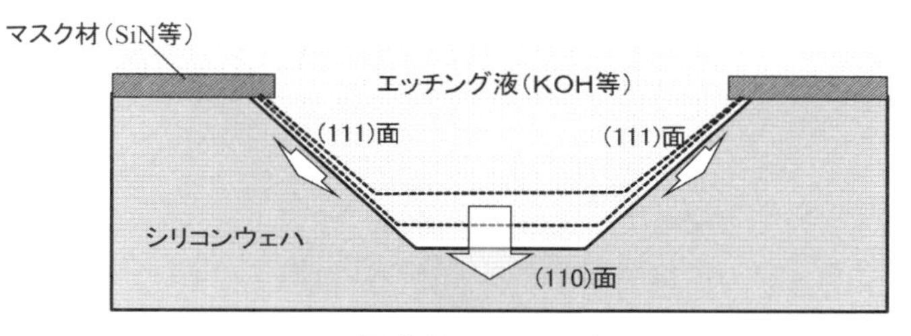

図2-3-6　等方性エッチングと異方性エッチング

基板では、ダイアフラムの平面形状を八角形にすることができます。ダイアフラムの平面形状が異なると、周囲温度の変化に伴って発生するダイアフラム上の熱応力、特にダイアフラムのエッジ部に発生する熱応力に違いが出てきます。そして、センサ出力の温度特性に影響を与えます。これについては、次の項(2-3-5.圧力センサデバイスの設計)で詳しく説明します。

ダイアフラムの厚さはセンサ特性に大きく影響するため、エッチン

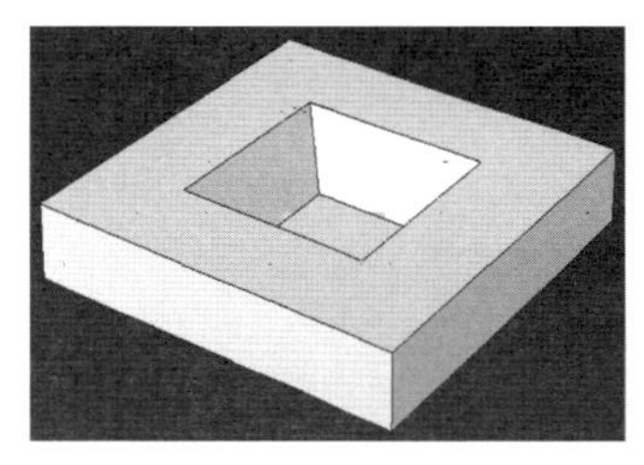

シリコン（100）基板

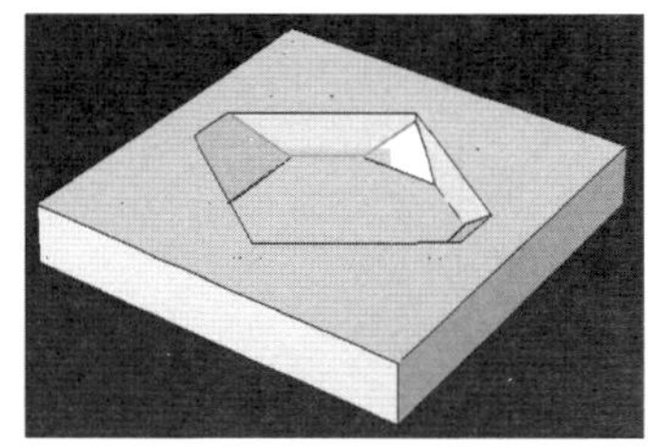

シリコン（110）基板

図2-3-7　シリコンの（100）基板と（110）基板のダイアフラム形状

グレートは高い精度で制御しなくてはなりません。このエッチングは、ポットエッチングと呼ばれる独特の枚様式エッチング装置で行なわれますが、これにはアルカリ溶液の濃度、温度、溶液に含まれる不純物、およびエッチング時間を精密に制御することが重要です。

また、数10μmという薄いダイアフラムを割れにくくするために、ダイアフラムの角部に1～2μm程度の丸み付けをすることが行われます。この丸み付けは、図2-3-8に示すように、シリコンのエッチングを最終段階で異方性から等方性に切り替えれば、実現できます。

シリコンの場合、フッ酸と硝酸の混合液を使えば等方性エッチングが行えますが、この方法ではエッチング液を交換しなければならず、経済的ではありません。そこで、シリコンのエッチングを異方性から等方性に切り替える簡便な方法として産み出されたのが、エッチングの最終段階でシリコンウェハに正電圧を印加する方法です。これは、シリコンウェハに正電圧を印加すると、シリコン表面が酸化して結晶

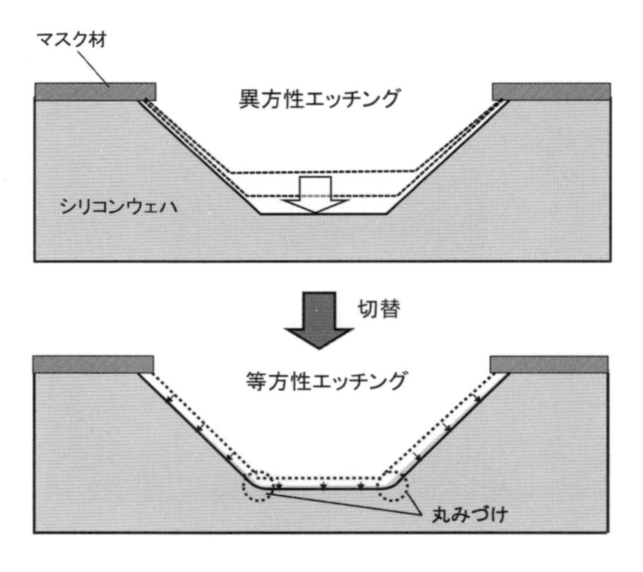

図2-3-8 シリコンダイアフラムの角部への丸みづけ

性が失われ、エッチング特性が異方性から等方性に変化するためです。

シリコンチップと台座ガラスの接合は、陽極接合といわれる接合技術によって行われます。これは、真空中でシリコン基板とアルカリイオンを含むガラス基板を密着させ、加熱しながら直流電圧を加えて接合する方法です。

図 2-3-9 に陽極接合のメカニズムを示します。ガラス基板にはシリコンと熱膨張係数の近いガラスが用いられます。ガラスの中に含まれる Na イオンが、ガラス中で可動するのに十分な温度である 400℃程度に加熱した状態で、シリコン側基板が正になるように数百 V の電圧を印加します。これによってシリコンとガラスの間に強い静電気力がはたらき、まず両者が密着します。シリコンとガラスの接合界面近傍では、ガラス中の Na イオンが陰極側に移動するため、ガラスのシリコンとの密着面側には O2 イオンが取り残されます。この O2 イオンの一部がシリコンと結合して、Si-O の共有結合が形成され、化学的に強固に結合するわけです。この方法によって、極めて良好な気密性を持つ、信頼性の高い真空キャビティを形成することができます。

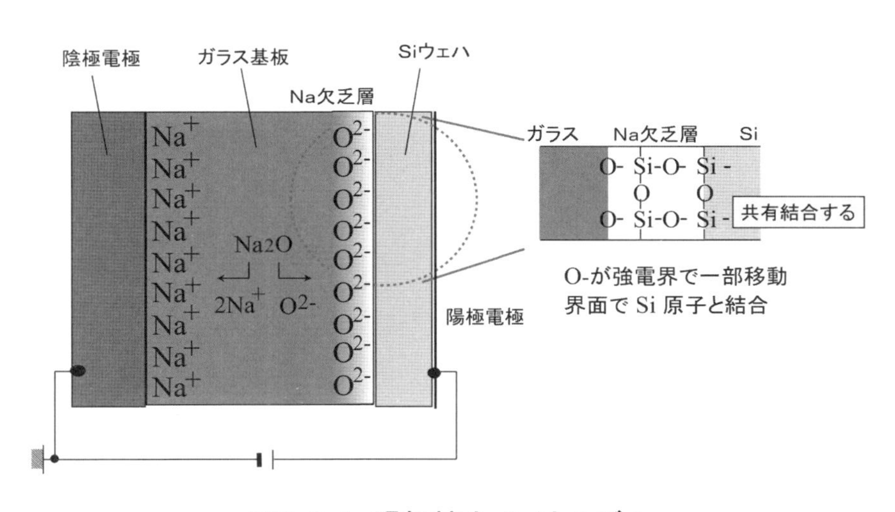

図2-3-9 陽極接合のメカニズム

2-3-5 圧力センサデバイスの設計

圧力センサデバイスの出力特性V（P）は、感度SとオフセットV_{OF}の２つのパラメータで次のように表すことができます。

$V(P) = S \cdot P + V_{OF}$　・・・(2-10)

ここで、感度Sは、印加圧力Pに対する出力の傾きであり、オフセットV_{OF}は印加圧力が０の時の出力値を表します。

感度Sには、次のような関係があります。

$S \propto \pi \cdot \sigma \cdot R \cdot I$　・・・(2-11)

πは2-3-3項で述べたピエゾ抵抗係数、σは圧力印加時に抵抗部に発生している応力、Rは抵抗値、Iは電流値です。

応力σは、ダイアフラムの厚さtと面積Dに対して、おおよそ次のような関係があります。

$S \propto \sigma \propto D / t^2$　・・・(2-12)

つまり感度は、ダイアフラムの大きさに比例し、厚みの２乗に反比例します。従って、感度を高くするには、Dを大きくしたりtを薄くしたりすればよいわけですが、そうするとダイアフラムの変形量が大きくなり、線形な変形領域から外れるため、圧力に対する非直線成分が発生します。このため、測定する圧力レンジに応じて、Dおよびtを最適に設計する必要があります。

抵抗値Rとピエゾ抵抗係数πは拡散抵抗の濃度で決定されます。抵抗の濃度を下げるとRとπの値は共に大きくなるので、感度を上げることができますが、温度係数（$\partial R / \partial T$、$\partial \pi / \partial T$、$\partial^2 R / \partial T^2$など）が大きくなり、いたずらに濃度を下げることは好ましくありません。

オフセットは、主にブリッジを形成するゲージ抵抗Ra～Rdのわずかなばらつきによって発生します。このばらつきは、拡散抵抗を形成するときのフォトエッチングのばらつきによる抵抗形状のわずかな違いや位置のずれが主原因であり、これらはできるだけ小さくすることが必要です。

吸気圧センサのようにエンジンルームで使用される場合には、－30

～120℃の広い温度範囲でセンサ特性を保証しなくてはなりません。しかしながら圧力センサデバイスは、種々の要因により温度による特性の変化が発生します。先に述べたRやπが持つ温度特性のほかに、構造体に起因する温度特性があります。それは、センサを構成する各部材の形状の不均一性や熱膨張係数の差に起因するものです。

例えば、圧力センサデバイスを形成するシリコンの熱膨張係数は2～3ppm／℃ですが、台座ガラスに3～3.5ppm／℃程度の比較的熱膨張係数の近いガラスを用いても、熱膨張係数の差によって温度特性の原因となる熱応力をダイアフラムに発生させることになります。また、ダイアフラムの形状やゲージ抵抗の位置、形状等もセンサの温度特性に影響を与えます。

2-3-4項で、シリコンの（100）基板を用いるとダイアフラムの平面形状は四角形となり、（110）基板を用いればダイアフラム形状は八角形になることを述べました。このダイアフラム形状の違いによる熱応力の違いを図2-3-10に示します。この図は、常温から高温に温度を上げ

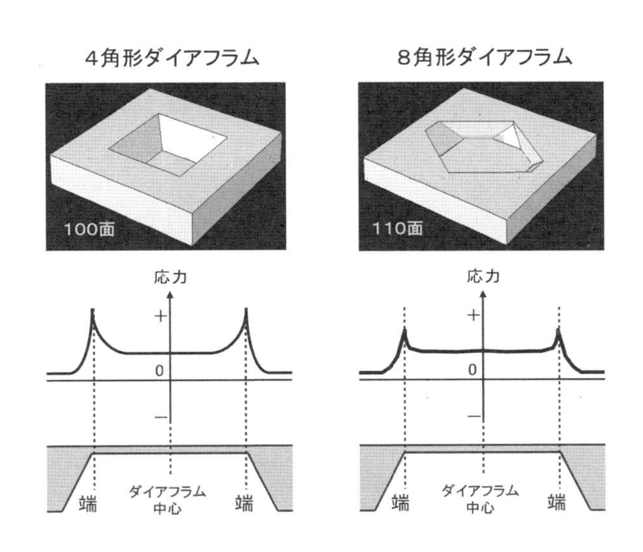

図2-3-10　ダイアフラム形状による熱応力の違い

た時に、ダイアフラムの径方向に発生する熱応力分布を示しています。

ダイアフラム形状が八角形の場合、四角形と比べて、熱応力は全体的に小さくなります。それに加えて、ダイアフラムの周縁部の熱応力が中央部の熱応力と等しくなる領域を、より端部に広げることができます。このことは、定性的には、ダイアフラム形状が多角形になるにつれて、より円形に近づくため、端部での応力変化が緩やかになるということで理解できます。これによって、中央部のゲージ抵抗と端部のゲージ抵抗の熱応力による抵抗値変化がほぼ等しくなり、互いにキャンセルされるため、センサデバイスで生じるオフセット電圧の温度特性の曲がりを小さくすることができます。

以上に述べたように、センサデバイスの特性に影響する要因は非常に多く、各要因による影響の仕方もかなり複雑ですが、これらの影響は、有限要素法（FEM）による構造解析シミュレーションにより見積もることが可能です。

図2-3-11は、そのシミュレーションの一例です。この図は、吸気圧センサで使用されるセンサデバイスのダイアフラムの表面に、100KPaの圧力が印加された時のダイアフラムの変形量と、その時に発生する各部の応力分布を示しています。デバイスの対称性からシミュレーションのモデルは1／4モデルとなっており、色の濃淡が応

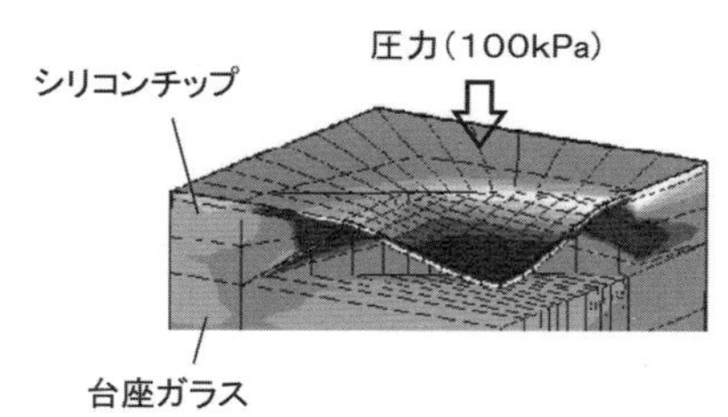

図2-3-11 圧力センサデバイスの応力シミュレーション例

力の大小を表しています。また、ダイアフラムの厚み方向の変形量は、変形状態をわかりやすくするため、100 倍に拡大して表示しています。

このようなシミュレーションを精度良く行うには、使用している部材の材料物性値（ヤング率、ポアソン比、熱膨張係数など）を、予め正確に把握しておくことが重要です。例えば、シリコンは結晶の面方位によってヤング率やポアソン比が異なります。また、シリコンや台座ガラスの熱膨張係数は温度によって一定ではなく、温度が高くなるほど熱膨張係数が大きくなります。さらに、シリコンの表面に形成される保護膜（図 2-3-4 を参照）は、高温で成膜されたものが室温に戻されることによって、引張や圧縮の応力を内在していますので、これらを考慮する必要があります。また、膜中の内部応力も含めて、保護膜の物性値は、成膜装置、成膜条件、成膜後の熱履歴といったものの違いで、大きく異なることがあるので注意が必要です。

現在では、シミュレーション技術の発達と材料物性値の測定技術の精度向上により、圧力センサデバイスの実特性をかなり正確に計算できるようになっており、構造パラメータの最適設計に広く活用されています。

2-3-6 圧力センサの信号処理回路

圧力センサに印加される圧力は、2-3-3 項の式（2-9）に示したように、圧力に比例した電圧信号に変換されます。このブリッジ接続されたゲージ抵抗からの電圧信号は、制御システムの ECU で利用するために、所定の出力特性となるように、増幅や補正などの信号処理が施されます。

図 2-3-12 に、吸気圧センサの圧力–出力電圧特性の一例を示します。この例では、電源電圧が 5V ですので、出力可能な電圧範囲はほぼ 0 ～ 5V ですが、検出圧力範囲 20 ～ 100KPa に対して出力電圧は 1.2 ～ 3.6V となっています。これは、センサ回路やセンサと ECU の間の信号線にショート故障あるいはオープン故障が生じた場合、出力電圧が概ね 0V もしくは 5V になることを利用して、ECU 側で故障検

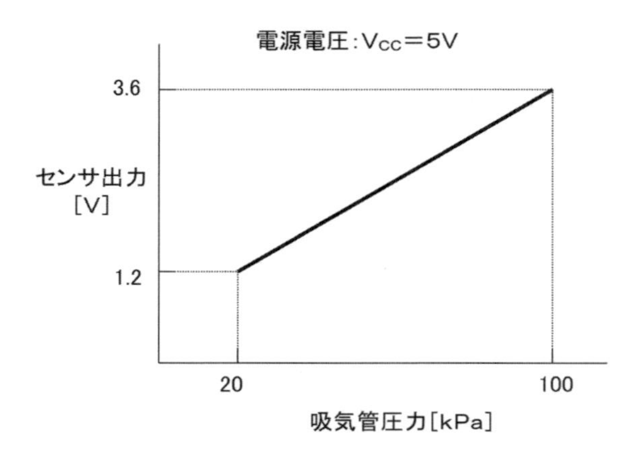

図2-3-12 吸気圧センサの圧力ー出力電圧特性例

出ができるようにするためです。

圧力センサの信号処理回路で特徴的な点は、以下の３点です。

① ブリッジ接続されたゲージ抵抗（センシングブリッジ）の温度特性を補償する温度補償回路

②センシングブリッジの感度とオフセットのばらつき、およびこれらの温度特性のばらつきを補正する調整回路

③車載環境特有の電気雑音によるセンサ回路の誤動作を防止する電気雑音保護回路

これら３つの回路について、以下に順に説明します。

①温度補償回路

圧力センサの信号処理回路の一例を図 2-3-13 に示します。この回路のアンプゲインは R12 ／ R9 で定まり、出力端子 O の電圧 Vo は、センシングブリッジの出力電圧をΔ V とすれば、

Vo ＝Δ V （R12 ／ R9） ＋ Voff

となります。ここで Voff は、Δ V ＝ 0 の時の出力端子電圧です。例えば、R12 ＝ 10k Ω、R9 ＝ 50 Ωとすれば、

R12 ／ R9 ＝ 10k Ω／ 50 Ω＝ 200

となり、センシングブリッジの出力電圧Δ V を 200 倍に増幅して、

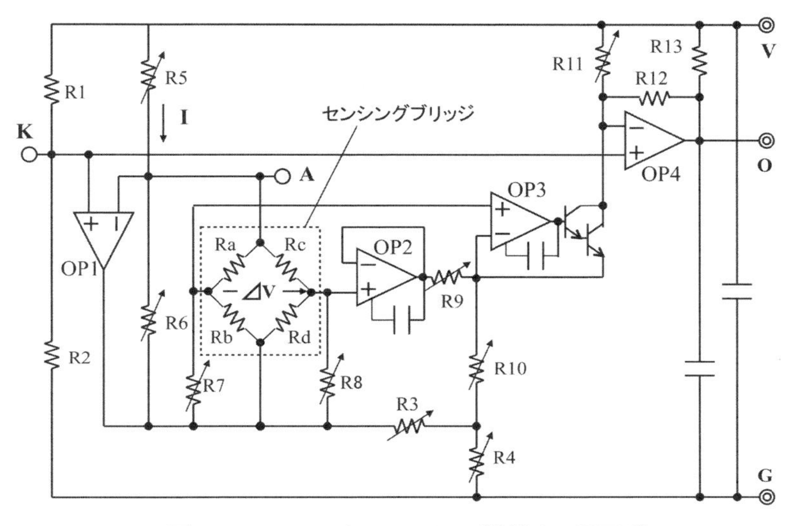

図2-3-13 圧力センサの信号処理回路

出力端子Oに出力することになります。

センシングブリッジの出力電圧ΔVは、一般的には先の2-3-3項の図2-3-3で示したように、センシングブリッジに印加する電圧をVとすれば、(2-9) 式で表されます。

$\Delta V = \pi \cdot \sigma \cdot V \propto P$ ・・・(2-9)：再掲

ここで、センシングブリッジを構成するゲージ抵抗は、N型のシリコン結晶のダイアフラムにP型の不純物を拡散して形成したP型の拡散抵抗が使われていますが、このP型拡散層によるゲージ抵抗のピエゾ抵抗係数πは、温度が上昇するにつれて値が小さくなる負の温度係数を持っています。従って、(2-9) 式で表されるセンシングブリッジの出力電圧ΔVも、印加電圧Vと圧力によって発生する応力σが温度に関わらず一定であっても、負の温度特性を持つことになります。つまり、温度が高くなるほど、圧力感度が下がってしまいます。

これを補償するために、シリコンに不純物を拡散して形成した拡散抵抗が、一般に正の温度係数を持つ（温度が上がるほど抵抗値が大きくなる）ことを利用します。しかし、(2-9) 式に示されているように、センシングブリッジに一定電圧を印加する定電圧駆動では、ゲージ抵抗の抵抗値が相殺されてしまうため、抵抗値の温度特性を利用できません。そこで、センシングブリッジの駆動を定電流駆動とします。

図2-3-14のように、センシングブリッジを定電流Iで駆動した場合は、(2-9)式のVをR・Iに置き換える（V＝R・I）ことになりますから、センシングブリッジの出力電圧ΔVは、

$\Delta V = \pi \cdot \sigma \cdot R \cdot I$　・・・(2-13)

と表せます。そこで、室温（T_0とする）でのゲージ抵抗の抵抗値をR_0、その抵抗値の温度係数をα、室温でのピエゾ抵抗係数をπ_0、その温度係数をβとすれば、任意の温度Tにおけるゲージ抵抗の抵抗値Rとピエゾ抵抗係数πは、それぞれ

$R = R_0\{1 + \alpha(T - T_0)\}$

$\pi = \pi_0\{1 + \beta(T - T_0)\}$

と表せますから、(2-13)式のセンシングブリッジの出力電圧ΔVは、

$\Delta V = \pi_0\{1 + \beta(T - T_0)\} \cdot R_0\{1 + \alpha(T - T_0)\} \cdot \sigma \cdot I$

$\fallingdotseq \pi_0 \cdot R_0\{1 + (\alpha + \beta)(T - T_0)\} \cdot \sigma \cdot I$　・・・(2-14)

ただし、$(\alpha + \beta)(T - T_0) \gg \alpha\beta(T - T_0)^2$

となります。ここで、先に述べたように$\alpha > 0$、$\beta < 0$ですから、

$\alpha + \beta = 0$ならば、$\Delta V = \pi_0 \cdot R_0 \cdot \sigma \cdot I$　・・・(2-15)

となって、センシングブリッジの出力電圧ΔVは、温度Tに依存しなくなります。αとβは拡散抵抗の不純物濃度に依存しますの

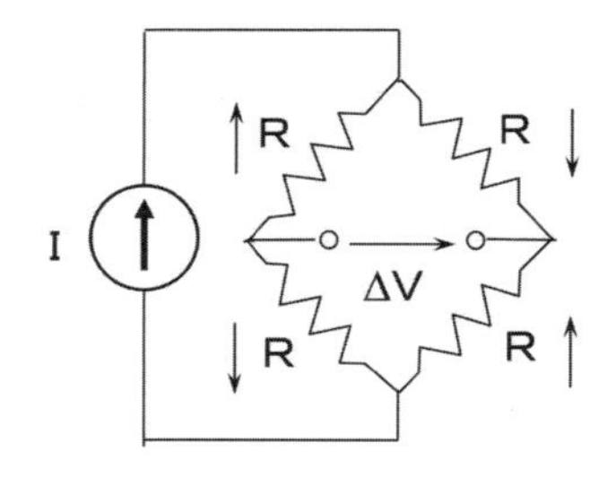

図2-3-14 センシングブリッジ の定電流駆動

で、$\alpha + \beta = 0$ となるような不純物濃度が選択できれば良いわけです。図 2-3-15 に、P 型の拡散抵抗の不純物濃度を変化させた場合の、抵抗値の温度係数 α とピエゾ抵抗係数の温度係数 β の絶対値を示します。これを見ればわかるように、α と β の絶対値が等しくなる不純物濃度が存在します。例えば、不純物濃度を 10^{20}cm^{-3} 程度に選べば、$\alpha + \beta = 0$ とすることができますから、センシングブリッジの出力電圧の温度特性を補償することができるわけです。これを不純物濃度による自己温度補償と呼んでいます。

図 2-3-13 の回路でも、センシングブリッジは定電流で駆動されており、R5 を流れる定電流値 I は、次のように定められます。電源端子 V の電圧を Vcc とすると、端子 K の電圧 V_K は、

$$V_K = Vcc\ R2 / (R1 + R2)$$

です。端子 K と端子 A は、オペアンプ（OP1）により、同電位となるよう動作しており、端子 A の電圧 V_A は V_K に等しくなります。従って、R5 を流れる電流 I は、端子 A の電圧が常に一定の $V_A = V_K$ のため、

$$I = (Vcc - V_A) / R5 = (Vcc - V_K) / R5$$
$$= Vcc\ R1 / (R1 + R2)\ R5$$

という一定の電流値となります。

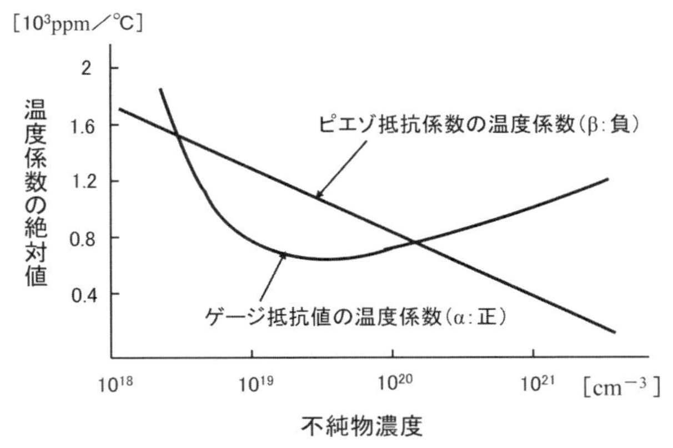

図2-3-15　P型拡散抵抗の不純物濃度による抵抗温度係数とピエゾ抵抗係数の温度係数

なお、この回路では、センシングブリッジと並列に抵抗R6が接続されています。従って、R5を流れる電流Iは、センシングブリッジとR6に分流されることになります。R6の値が変われば、センシングブリッジに流れる電流が変化します。これを利用して、抵抗R6をゲージ抵抗（Ra～Rd）とは温度特性が異なる別の種類の抵抗で構成すれば、温度によってセンシングブリッジとR6に流れる電流の配分が変わり、感度の温度特性を変えることができます。つまり、抵抗R6は感度の温度特性を調整する役割を持っています。また、抵抗R7とR8はセンシングブリッジのオフセット電圧を調整する役割を担っています。

②調整回路

センサの出力特性は、検出する物理量の1次関数であることが理想です。つまり、圧力センサでいえば、印加圧力をP、出力特性をPの関数であるV（P）としたときに、

$$V(P) = a \cdot P + C$$（ここで、aとCは定数）

となることが望ましいわけです。先の（2-15）式なども、そのような理想的な出力特性を表しています。

しかし、実際のセンサの出力は、検出物理量だけでなく他の様々な物理量（誤差要因）の影響も受け、しかもそれらの影響は単純な1次関数ではありません。圧力センサの場合、検出物理量の圧力以外に出力特性に影響を与える誤差要因は、主に温度とセンサの構造体による応力です。従って、変数として圧力をP、温度をt、構造体による応力をσとおけば、出力特性は連続的な関数ですので、この関数はテーラー展開が可能で、以下のように表すことができます。

$$\begin{aligned} V(P,t,\sigma) &= A_{000} + A_{100}P + A_{010}t + A_{001}\sigma \\ &+ A_{200}P^2 + A_{020}t^2 + A_{002}\sigma^2 \\ &+ A_{110}Pt + A_{101}P\sigma + A_{011}t\sigma \\ &+ A_{300}P^3 + A_{030}t^3 + A_{003}\sigma^3 + \cdots \end{aligned} \qquad \cdots (2\text{-}16)$$

ここで、A_{lmn}は各項の偏微分定数です。

何やら急に難しい話をしだしたと思われるかもしれませんが、出

力特性を調整するということは、(2-16) 式の右辺の第２項までを定められた出力仕様に合うように A_{000} と A_{100} の値を合わせ込むことと、第３項以降の誤差項を限りなく小さくすることです。

(2-16) 式のどの項まで回路調整で誤差修正するかは、コストと精度のバランスからか決める必要があります。実際のセンサにおいて、オフセット電圧にあたる A_{000} と感度にあたる A_{100}、およびオフセット電圧の温度特性の A_{010}、感度の温度特性の A_{110} といった誤差は簡単な回路で調整し、低減することができます。一方、オフセット電圧の温度特性の非直線性（TNO）の A_{020}、感度の温度特性の非直線性（TNS）の A_{120}、圧力特性の非直線性（Nlp）の A_{200} といった２次以上の成分誤差を調整するには、複雑な回路や補正量を書き込んでおく多くのメモリー回路を必要とするため回路チップのサイズが大きくなるとともに、調整に必要な時間（調整工数）も多くなるため、コストが高くなってしまいます。

従って、回路による出力特性の調整は、ほとんどの場合、オフセット電圧と感度、およびそれらの温度特性について行われるのが普通です。その実際の調整は、室温でのオフセット電圧と感度、および高温でのオフセット電圧と感度の４点の特性を測定して、そのデータに基づいて回路定数が調整されます。図 2-3-16 にオフセット電圧と感度の調整の概念図を示します。

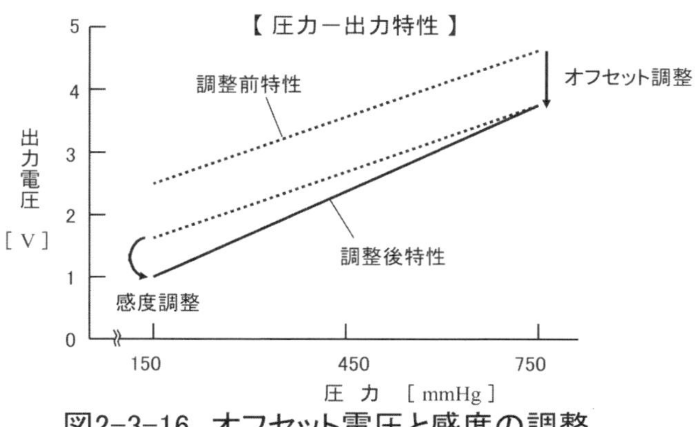

図2-3-16 オフセット電圧と感度の調整

回路定数の具体的な調整方法としては、レーザトリムによる方式と電気トリムによる方式の２つが代表的な調整方法です。この２つの調整方法の原理や特徴を比較した表を表 2-3-1 に示します。

レーザトリム方式は、信号処理回路のチップ上に形成された金属薄膜（NiCr、SiCr、TaN など）の抵抗をレーザビームで部分的に少しずつ焼き切りながら（抵抗値が徐々に高くなります)、所定の特性に合わせ込んでいく方法です。回路チップの最表面には、汚染物質（Na イオンや Cl イオンなど）から回路を保護するために、外部との接続端子以外のチップ全体を覆う保護膜(シリコンの酸化膜や窒化膜など)が形成されていますが、この保護膜はいわばガラスのようなものですので、レーザビームは保護膜を透過して、薄膜抵抗だけを選択的に焼き切ることができます。つまり、回路チップを製品に組み付けた状態でも、チップ表面が露出さえしていれば、特性調整を行うことができます。先に示した図 2-3-13 の回路において、ゲイン調整の R9、感度の温度特性調整の R6、オフセット電圧調整の R7 などが、このレーザトリムによって調整される抵抗です。

表2-3-1　特性調整方法の比較

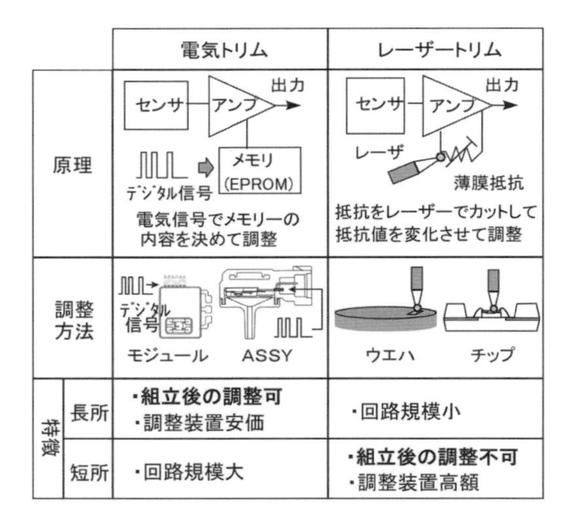

		電気トリム	レーザートリム
原理		センサ／アンプ／出力／デジタル信号／メモリ (EPROM) 電気信号でメモリーの内容を決めて調整	センサ／アンプ／出力／レーザ／薄膜抵抗 抵抗をレーザーでカットして抵抗値を変化させて調整
調整方法		デジタル信号／モジュール／ASSY	ウエハ／チップ
特徴	長所	・組立後の調整可 ・調整装置安価	・回路規模小
	短所	・回路規模大	・組立後の調整不可 ・調整装置高額

一方、電気トリム方式は、回路チップ内に設けられたメモリーに電気信号で所定のデータを書き込む方法です。このメモリーデータはアナログ電圧に変換され、その電圧によってオペアンプなどの回路の動作点を変化させることにより特性調整が行われます。電気トリム方式の最大の利点は、調整用の電気信号をやり取りする端子さえ出ていれば、製品が完成した状態でも特性調整ができるという点です。

圧力センサは応力を検知する製品であるという性質上、(2-16) 式でも示したように、製品自身を構成する構造体からの応力によっても特性が変化します。センサチップに加わる構造体からの応力は、製品が完成してはじめて全て定まります。従って、構造体からの応力も含めて最終の製品状態で特性調整ができる電気トリム方式は、回路チップ表面が露出状態、すなわち半完成状態でなければ特性調整ができないレーザトリム方式に比べて、より高精度な特性調整ができます。

また、電気トリム方式は、レーザ装置のような高額な装置を必要としないというのも利点です。一方、電気トリム方式はメモリーやDA変換器を必要とし、信号処理回路の規模がレーザトリム方式に比べてどうしても大きくなってしまいますが、急速な進化を続ける集積回路の微細化によって、回路規模に伴うコスト差はかなり小さくなっています。このため、現在では電気トリム方式のほうが主流になっています。

集積回路の微細化、中でもCMOSデジタル回路の微細化の進展によって、従来のバイポーラ回路を用いたアナログの信号処理回路をCMOSのデジタル信号処理回路に置き換えても、小型で低コストが期待できるようになっています。このため、信号処理の全てをデジタル回路で行うDSP（Digital Signal Processor）を適用した圧力センサがあります。図2-3-17にDSPを利用した圧力センサの信号処理回路の一例をブロック図で示します。

この回路では、圧力のセンシングブリッジ以外に、温度を検出する抵抗ブリッジと温度によっても変化しない基準電圧のブリッジを別途設けています。これら3つの入力電圧は、アナログマルチプレクサによって順次時分割で増幅回路に入力されます。増幅された出力はAD

変換器でデジタルデータに変換され、演算回路に入ります。演算回路では、圧力、温度、基準電圧の入力情報と、予めEPROMに保存された特性調整データを基に、圧力データを補正演算します。この圧力データは、圧力に応じた周波数のパルスに変換されて出力されます。

特性調整データについては、予めいくつかの水準の温度と圧力（例えば、温度3水準×圧力3水準の計9水準）での測定データを得ておくことにより、オフセット電圧や感度の非直線性の誤差まで、ある程度補正することができます。また、この回路では、圧力や温度の信号と同様に、基準電圧を増幅してAD変換していますので、このデータを基に、信号に含まれる増幅回路やAD変換器の非線形な温度特性をキャンセルすることもできます。

圧力センサの特性調整は、通常は、オフセット電圧と感度、およびそれらの温度特性の1次成分が、信号処理回路によって調整されます。それ以外の非直線性誤差については、回路規模さえいとわなければ、例えば図2-3-17で示したようなDSPによる多点補正で、ある

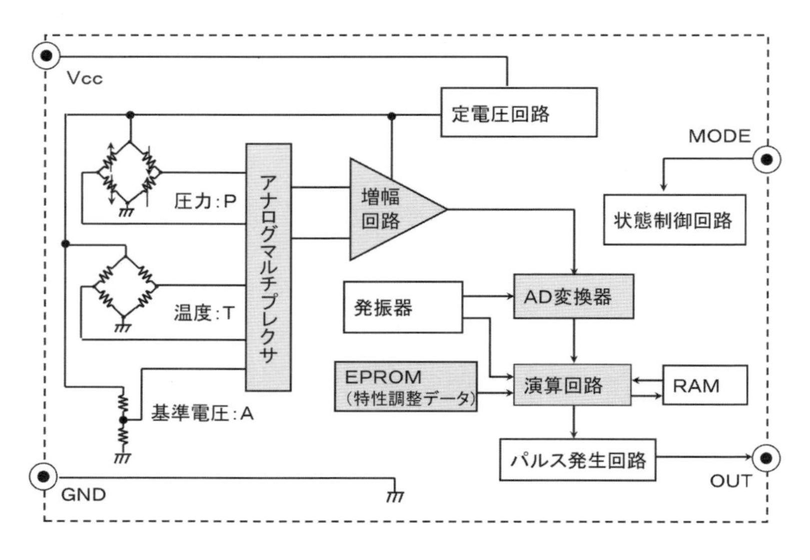

図2-3-17　DSPによる圧力センサの信号処理

程度向上することもできます。しかし、オフセット電圧の温度特性の非直線性（TNO）、感度の温度特性の非直線性（TNS）、圧力特性の非直線性（Nlp）や構造体の歪みに起因する誤差については、やはりセンサデバイスの構造とそのパッケージングを最適化することによって、できる限り小さくすることが肝要です。

センサデバイスやパッケージングに起因する誤差要因は、数式上では（2-16）式のように分解することができますが、実際の圧力センサの出力からは、検出圧力の情報に誤差の総合計を加えた出力が測定されるだけです。センサ特性の精度向上のために、それぞれの要因ごとの誤差量を知ろうとするには、その要因の大きさと圧力や温度を変化させながらセンサ出力を測定して、その値を解析する必要があります。しかし、誤差量が大きい項目があると、誤差量の小さな項目はその中に埋もれてしまうため、往々にして見逃すことが少なくありません。センサ特性の解析にあたっては、誤差量の大きな項目から順に補正して取り除き、丹念に分析してはじめて誤差量の小さな項目に気づくことができます。

③ 電気雑音保護回路

圧力センサは通常ECUから5Vの電源供給を受け、出力端子もECUに接続されているだけですので、エネルギーの大きなサージ電圧に対する備えは必要ありません。必要とされるのは、静電気に対する保護と、外来電波による直接の輻射あるいは配線を通じて端子から侵入する高周波ノイズによる誤動作の防止です。

静電気に対する保護は、回路チップの電源端子と出力端子にツェナ素子を入れて静電気を吸収するのが普通です。静電気は、エネルギーは小さいですが、ごく短時間（約20ns）に大電流（約100A）が流れるため、ツェナ素子の配線は太く短く、できるだけ低インピーダンスにすることが必要です。

電波の輻射あるいは配線端子から侵入する高周波ノイズに対する誤動作防止は、いわゆるEMCのイミュニティ対策にあたるものです。EMCにはもう一つ、エミッションと呼ばれる電気ノイズを発生する問題がありますが、センサは小電力の製品のためエミッションについてはほとんど問題ありません。このためセンサでEMC対策といえば、イミュニティ対策をさします。本書でもイミュニティ対策だけをさしてEMC対策と呼ぶことにします。

吸気圧センサのEMC対策の変遷を図2-3-18に示します。第1世代のセンサは、個別のセンサデバイスと増幅回路および調整回路の部品をセラミック基板上に組み付けたハイブリッドICの構成でした。EMC対策は、センサと回路全体をシールドケースに入れることによって輻射ノイズを低減し、配線からの誘導ノイズは、貫通コンデンサを介してシールドケースに導き、渦電流で消失させる方法で回路への侵入を防止するものでした。

第2世代では、回路部をシリコンチップに集積化して配線長を極小化することによって輻射ノイズを防止し、シールドケースを廃止することができました。

第3世代のEMC対策は、さらに、コンデンサと抵抗からなるロー

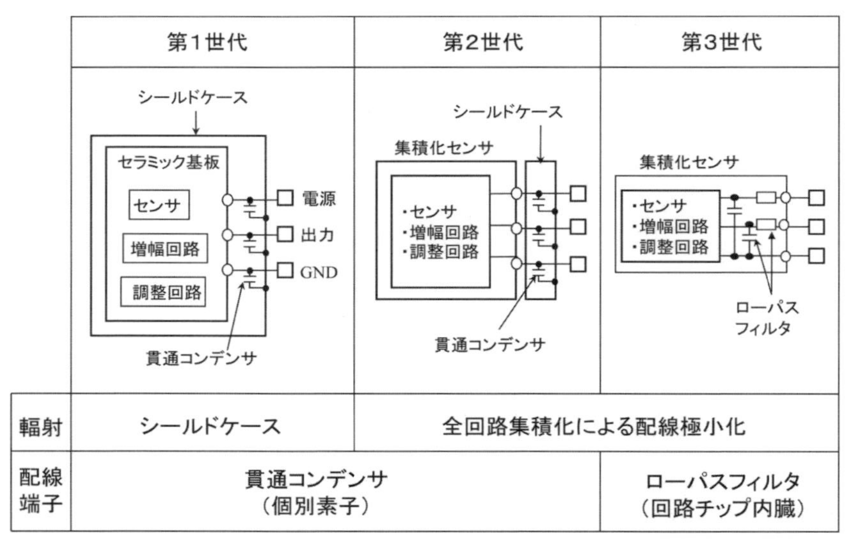

図2-3-18 吸気圧センサのEMC対策の変遷

パスフィルタを回路チップに内蔵することによって、貫通コンデンサも廃止しています。このように現在では、EMC の対策機能は回路チップに集積化され、シールドケースや貫通コンデンサの無い非常にシンプルな製品構造になっています。

2-4 圧力センサのパッケージング技術

圧力センサのパッケージング技術の要点は、大きく言って３つあります。まず第１に、測定対象となる空気やオイル、燃料などの媒体の圧力を、センシング部にどのように伝達するかということです。この時、低圧センサにおいては、感度を損なわないような効率の良い圧力伝達が必要であり、高圧センサでは、高い圧力に耐える堅牢な構造が求められます。２つ目は、圧力伝達とは背反事項となる、センシング部や信号処理回路の保護です。圧力媒体には様々な汚染物質や腐食物質が含まれていますので、これらの物質からの保護を圧力伝達とともに両立させなければなりません。最後の３つ目は、誤差要因となる圧力以外の応力が、いかにセンシング部に伝達されないようにするかということです。特に、温度変化による構造体の熱応力には十分留意して、その応力を緩和する工夫が必要です。

以下に、代表的な圧力センサをいくつか取り上げ、それぞれのセンサの使われ方と、そのために必要となるパッケージング技術の要点を順次説明します。

2-4-1 吸気圧センサのパッケージング技術

吸気圧センサは、エンジンの吸気管内の圧力を測定するセンサです。ガソリンエンジン制御システムでは、エンジンへの吸入空気量をセンサで計測して、その情報を基にエンジンの運転状態に応じた適正な燃料噴射量をコンピュータが算出して、エンジンに供給する仕組みになっています。エンジンのシリンダ内に導かれる吸入空気量と燃料噴射量の比（A ／ F: 空燃比と呼ばれます）は、出力、排出ガス、燃費などのエンジン性能を大きく左右します。従って、吸入空気量をいかに精度良く計測できるかは、エンジン制御にとって最も重要な事項の一つです。

エンジンへの吸入空気量を計測する方法としては、エアフローメータを用いて直接空気流量を計測する方式と、吸気圧センサで吸気管内負圧を計測する方式があります。吸気圧センサによる方式は、吸気管内の圧力が、エンジン一行程あたりの吸入空気量にほぼ比例することに基づき、スロットルバルブの下流の吸気管内負圧を吸気圧センサで検出して、これとエンジン回転数から間接的に吸入空気量を求めるものです。この２つの方式は、コスト、検出精度、制御性などの観点から一長一短があり、車両によって使い分けられていますが、吸気圧センサによる方式は、比較的排気量の小さいエンジンに使用されることが多いようです。

このように吸気圧センサはエンジン制御の基本となるセンサの一つですが、ターボ（過給）エンジンの過給圧やブレーキブースター（エンジン負圧を利用したブレーキ倍力装置）の負圧の測定などにも、吸気圧とほぼ同等の圧力（大気圧付近）の空気圧を測定することから、この吸気圧センサがアレンジされて広く使われています。

吸気圧センサは、図 2-4-1 に示すようなエンジン制御システムにおいて、スロットルバルブ後方の吸気管内の負圧を検出します。搭載場所としては、当初、エンジンルーム内の比較的環境の良い所に設置され、吸気管からセンサまでホースで導圧して使用されていましたが、近年では、ホース部品の削減によるコストダウンなどから、吸気管やスロットルボデーに直接取りつけられるようになっています。このため、センサの使用環境としては、振動や温度がより高くなるとともに、圧力媒体に含まれる汚れ成分によるアタックという点で、より厳しくなっています。

吸気管内負圧を検出する吸気圧センサの検出圧力媒体は、基本的にはエアクリーナーで塵埃などが除去された大気ですが、エンジンからのオイルミストや未燃ガソリン蒸気、あるいは EGR 制御（排ガスの一部を吸気側に還流して再燃焼させることによってエンジンの排気を

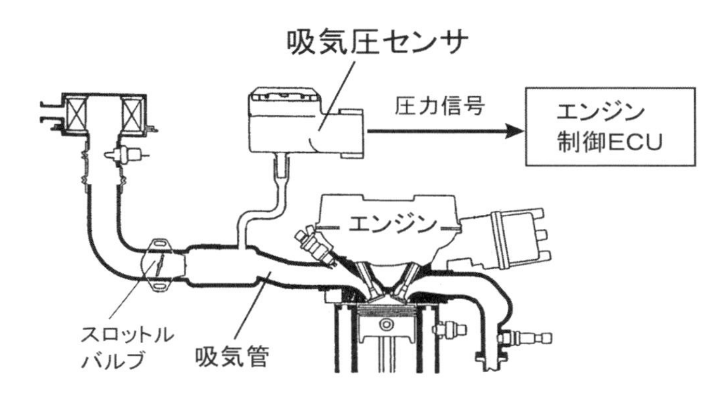

図2-4-1　ガソリンエンジン制御システムと吸気圧センサ

浄化するシステム）による水蒸気や排ガス成分といったものも含まれます。これらの汚れ成分は、センサが吸気管やスロットルボデーに直接取り付けられるようになると、よりセンサの受圧面に到達し易くなり、センサの特性に悪影響を与える原因にもなります。従って、吸気圧センサのパッケージング技術としては、これらの汚れに強い受圧構造を形成することが重要になります。

吸気圧センサの受圧構造は、大きく分けて裏面受圧方式と表面受圧方式の２つがあります。この２つの方式の比較を表2-4-1に示します。

裏面受圧方式は、センサのシリコンダイアフラムのゲージ面とは逆側のダイアフラムエッチング面で圧力を受けるように、台座ガラスには穴あきのガラスを用います。一方ゲージ面側は、ハーメチックシールによるパッケージで真空室を形成して、圧力基準室とします。これに対して表面受圧方式は、前にも述べたように、ダイアフラムエッチング面に平らなガラス台座を真空中で陽極接合して、ダイアフラムエッチングの窪み部で形成されるキャビティを真空基準室とします。そしてゲージ面側で圧力を受けます。

この２つの受圧方式には、表2-4-1に示すように、それぞれのメリットとデメリットがあります。裏面受圧方式は、シリコンダイアフラム

表2-4-1 裏面受圧方式と表面受圧方式の比較

		裏面受圧方式	表面受圧方式
構造		回路面 ワイヤ 真空室	ターミナル 真空室 ワイヤ 回路面
		吸気管の負圧と汚れ成分	
耐汚れ性	化学的	強い(Si結晶面で受圧)	電極やボンディングワイヤの保護が必要
	物理的	オイル分、水分による閉塞対策が必要	強い(受圧空間大)
性能	特性誤差	小	大 (保護材の温度、振動による応力を受ける)
	応答性	速い	遅い(受圧空間体積が大きいため)

のゲージ抵抗や電極が形成された回路面およびボンディングワイヤを含む端子接続部がハーメチックシールで保護され、検出圧力媒体に接する受圧面は、化学的に非常に安定したシリコンの結晶面であるため、圧力媒体に含まれる腐食物質に対する保護が必要ありません。

一方、表面受圧方式は、ゲージ面側が受圧面として検出圧力媒体に接するため、電極やボンディングワイヤを含む端子接続部を圧力媒体の汚れ成分から保護する必要があります。この保護のため、受圧面を何らかの保護材で覆うということは、その保護材がダイアフラムに応力を与えることになり、センサ特性の誤差要因を増加させることになります。

しかし、表面受圧方式は受圧面側が開放空間となっているのに対して、裏面受圧方式では、受圧面側の圧力導入部がどうしても細いパイプ状の空間になってしまうため、応答性では有利なものの、オイル分や水分といった圧力媒体の汚れ成分の付着によって、圧力導入部が閉塞状態になり易いという傾向があります。この傾向は、センサが吸気管やスロットルボデーに直接取り付けられるようになると、より顕著になります。

つまり裏面受圧方式は、圧力媒体の汚れ成分による化学的なアタックには強いものの、物理的なアタックに対しては、導圧部を長くする、あるいは、その途中にフィルタを入れるなどして、受圧面まで汚れが来にくいようにする必要があります。

このため、吸気管やスロットルボデーに直載されるタイプでは、表面受圧方式を採用し、受圧面を圧力媒体の汚れから保護しつつ、特性への影響を最小限に抑えるパッケージング構造がとられています。図2-4-2にその構造例を示します。センシングチップと台座ガラスを陽極接合したセンシングデバイスが、コネクタと一体となった樹脂ケースに接着されています。接着材には、樹脂ケースからの熱応力がセンシングチップに与える影響を軽減するため、低弾性率の材料が使用されます。また、この応力の影響は接着材の厚みが厚いほど軽減できますので、接着材の中に樹脂ビーズを混入させて接着厚さを確保するという工夫がなされることもあります。

センシングデバイスの保護材は、下部すなわち樹脂ケース側がゴム材で覆われ、上部すなわち吸気圧を受ける側はゲル材で覆うという2層構造になっています。ゲル材は、圧力媒体に含まれる汚れからセンサチップを保護するとともに、ダイアフラムへの応力は最小限に抑えるよう低弾性率の材料が用いられます。ゴム材の役割は、樹脂ケースにインサートされたコネクタターミナルと樹脂の界面から侵入する空気

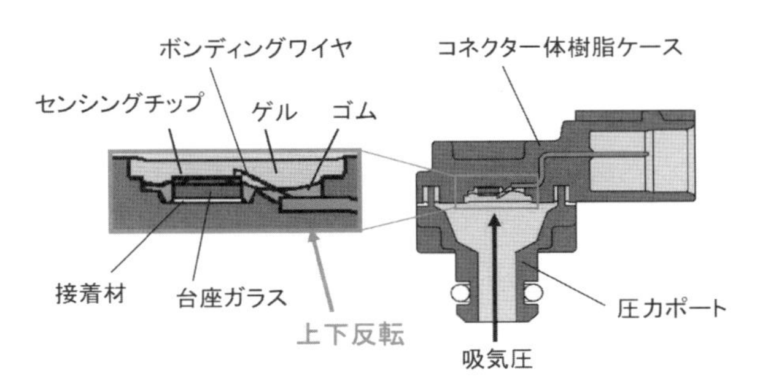

図2-4-2 表面受圧方式のセンシング部保護構造

によって、センサチップを保護するゲル中に気泡が発生するのを防止するためです。ゲル中に気泡が発生すると、ダイアフラムへの吸気圧の伝達や熱応力が変化するため、特性変動の原因となるからです。なお、ここで使用される接着材、ゲル材、ゴム材は全て、ガソリン中に浸漬されても膨潤しにくい、耐ガソリン性に優れた材料となっています。

2-4-2 低圧センサのパッケージング技術

自動車用の圧力センサの中で、最も低い圧力を検出するセンサがタンク内圧センサです。タンク内圧センサは、燃料タンクの圧力を監視するセンサです。

自動車の排出ガス規制は、環境保護の観点から各国で厳しい規制が行われていますが、北米では排気管から排出されるガスに関わる規制（いわゆるテールパイプエミッション規制）に加えて、燃料配管系から発生する燃料蒸気の漏れを規制するエバポエミッション規制が制定されています。

その燃料蒸気漏れの検出システムの模式図を図2-4-3に示します。燃料蒸気の漏れは、車両走行中にある一定の条件下で、燃料タンクを含む燃料配管系を閉塞させて所定の圧力を印加保持して、燃料配管系内の圧力の変化をタンク内圧センサで測定することで、リーク箇

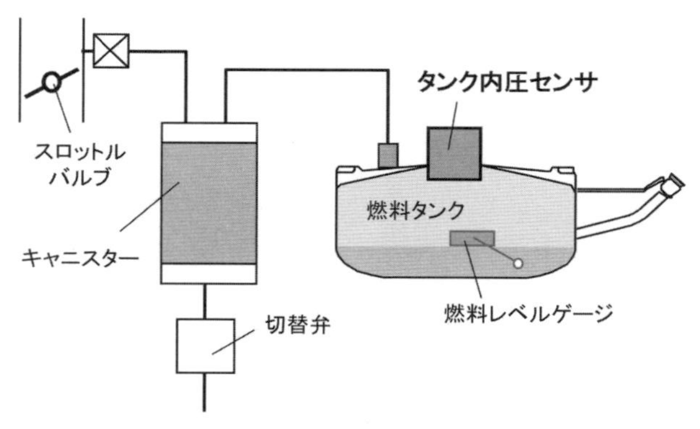

図2-4-3 燃料蒸気漏れ検出システム

所の有無を検出します。このリーク検出は、走行中に排出ガスに関わるエンジン機器の異常を検出して、運転者に警報することを定めた車載故障診断システムフェイズII（OBDII:On-Board Diagnostic SystemII）の規制によって義務づけられています。

タンク内圧センサの構造を図2-4-4に示します。ポートから導入される燃料蒸気圧が、シリコンダイアフラムの裏面（エッチング側）に印加され、シリコンダイアフラムの表面（ゲージ側）には、防塵および防水の役目をするフィルタを介して大気圧が印加されます。この燃料蒸気圧と大気圧との差圧として、フルスケールでも5KPaという極めて微小な圧力を検出するため、シリコンダイアフラムの厚さは十数μmで、吸気圧センサの半分以下の厚さになっています。このため僅かな熱応力が大きな圧力検出誤差になるため、高精度なセンサ特性を実現するためには、徹底した熱応力の低減がキーポイントになります。

まず、センサチップと陽極接合される台座ガラスの熱膨張係数を、できる限りシリコンに近づける必要があります。センサチップと台座ガラスの陽極接合は400℃程度で行われますが、これを室温まで温度を下げると、センサチップと台座ガラスの熱膨張係数の差によって、応力の残留が生じます。この応力により、ダイアフラムの張力が変化

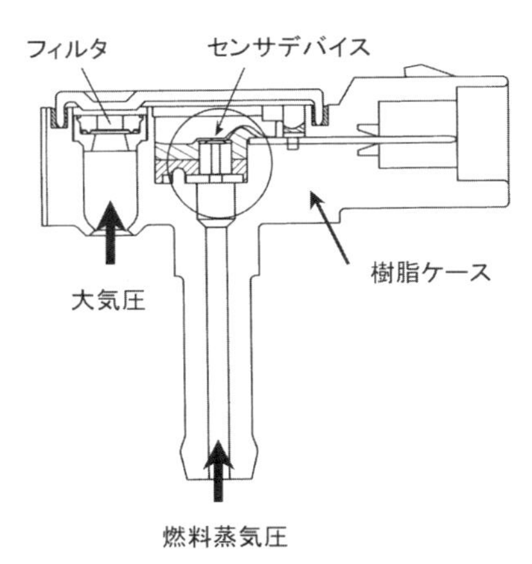

図2-4-4 タンク内圧センサの構造

しますが、ダイアフラムの厚さが薄いと、張力の変化の影響が感度の変化となって顕著に現れます。また、この張力は温度によっても変化しますので、感度の温度特性にも影響を与えます。

図 2-4-5 にセンサチップの感度とその感度の温度特性の関係を示します。この図は、台座ガラスに、シリコンとの熱膨張係数の差が1ppm／℃以下という、かなり熱膨張係数の近いガラスを用いた場合ですが、感度の温度特性への影響が大きく表れています。ダイアフラムが厚く感度が低い場合は、感度の温度特性はそのダイアフラム自身の温度特性が支配的で変化はありませんが、ダイアフラムを薄くして感度が高くなるにつれて、台座ガラスとの熱膨張係数差の影響が現れ、感度が高くなるほど温度特性が負の方に大きくなる特性を示しています。台座ガラスの材料が変わり、シリコンとの熱膨張係数の差が変われば、この傾向も当然大きく変化します。

こういったことを考慮して、台座ガラスの熱膨張係数は、できる限りシリコンに近づけることが肝要ですが、さらに重要な点は、熱膨張係数の温度特性です。陽極接合温度の 400℃から使用最低温度の－30℃までの熱膨張係数の温度特性をシリコンに近づけることによって、感度の温度特性の非直線性を極めて小さくすることができます。つまり、センサチップと台座ガラスの熱膨張係数に多少差があっても、その差が温度によらず一定であれば、感度の温度特性は線形となり、その補正は容易にできるからです。

タンク内圧センサの高精度化のためのもう一つの要点は、ベースとなる樹脂ケースの温度変化などによる機械的歪みが、できるだけセンサチップに伝わらないようにすることです。このための工夫を、タンク内圧センサのセンサチップ部を拡大した図2-4-6の構造図で説明します。

まず、ベースの樹脂ケースと台座ガラスの間にステムと呼ばれる部品を介在させています。このステムには、ケース樹脂の熱膨張係数と台座ガラスの熱膨張係数との中間の熱膨張係数を持つ材料を使います。これによって、ケース樹脂と台座ガラスとの熱膨張係数の差によって生じる応力を緩和することができます。例えば、ケース樹脂の

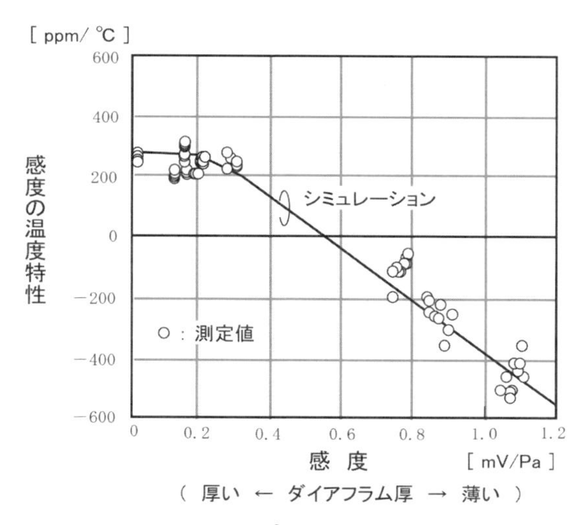

図2-4-5　センサチップの感度による温度特性の変化

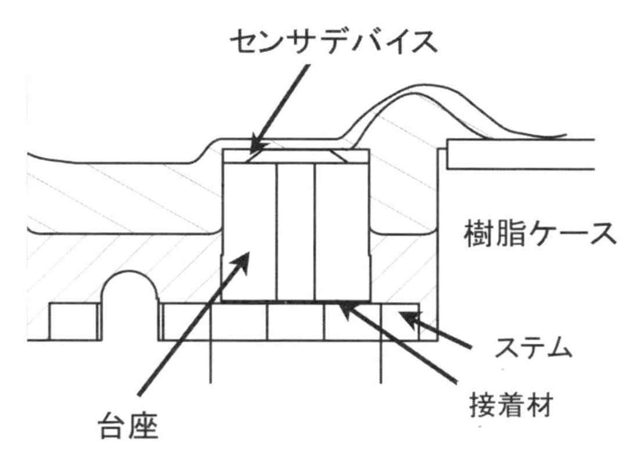

図2-4-6　タンク内圧センサのセンサチップ部の構造

熱膨張係数が16ppmで、台座ガラスの熱膨張係数が3ppmであれば、10ppm前後の熱膨張係数を持つ材料を使えば良く、42アロイ（鉄とニッケルの合金）やアルミナセラミックなどが利用できます。

次に、ステムと台座ガラスを接着する接着材です。この接着材には、ステムからの応力を緩和するため、低弾性率の接着材を使います。またこの接着材は、ガソリン蒸気に直接触れることから、ガソリンで溶解したり膨潤したりしない耐ガソリン性の高い材料でなければなりません。この要件を満たす接着材として、よく使われるのがフッ素系の接着材です。

最後に、台座ガラスの高さです。ステムと接着材で緩和された台座ガラス下面の応力が、センサチップと接する台座ガラスの上面ではさらに減少するように、台座ガラスの高さは、吸気圧センサの台座ガラスと比べて4倍以上の約3mmとなっています。

このような構造で、センサチップに発生する熱応力をシミュレーションで解析した結果の一例を図2-4-7に示します。この図では、ステムがある場合とない場合の解析結果を比較しています。ステムを介在させることによって、センサチップのダイアフラム部の応力が1／4以下に低減されていることが分かります。

以上に説明したような工夫で、構造体からセンサチップに伝わる応力を徹底的に低減することによって、5KPaという極めて微小な圧力にもかかわらず、－30℃～120℃の温度範囲において2%FSという高精度なセンサを実現しています。

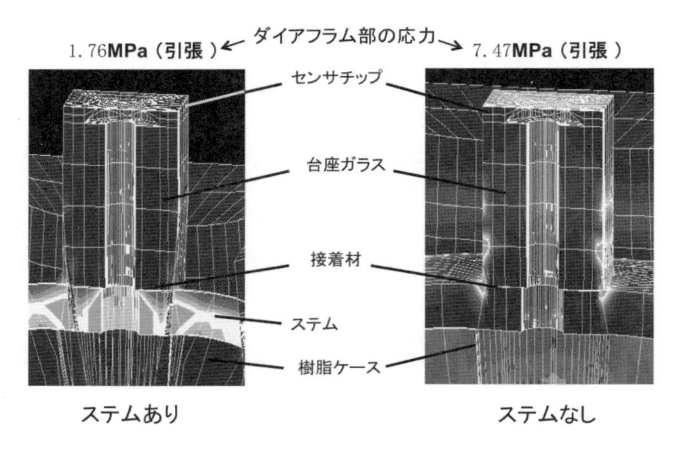

図2-4-7 タンク内圧センサのセンサチップ部に発生する熱応力

2-4-3 高圧センサのパッケージング技術

自動車用の圧力センサにおいて、測定圧力レンジが0.5～20MPa程度の圧力センサが高圧センサと呼ばれます。高圧センサは、ブレーキやエアコンなど自動車の様々なシステムが、より高い機能、よりきめ細かい制御を求められて電子制御に移行していく中で、オイルポンプやコンプレッサなどの機器の制御用として大きく拡大をしてきました。

高圧センサが使用されているシステムの中で、主なものを一覧にして表2-4-2に示します。このような様々な用途に対して、高圧センサの圧力検出方式としては、Siピエゾ抵抗式、薄膜ピエゾ抵抗式、セラミック容量式の３つの方式があり、それぞれの特徴を活かした高圧センサが実用化されています。

その中で、Siピエゾ抵抗式の高圧センサの代表的な構造を図2-4-8に示します。この構造は、圧力検出部にオイルを充てんした構造で、オイル封止タイプと呼ばれます。この構造では、エアコンの冷媒や

表2-4-2 車載用高圧センサの主な用途

種　類	圧力レンジ[MPa]	用　途
ｴｱｺﾝ冷媒圧	1～5	冷媒圧の異常監視に加えて、省燃費のためのコンデンサ冷却用の電動ファン制御や可変容量コンプレッサの容量制御に使われる。
ｶﾞｿﾘﾝ燃料圧	5～20	直噴エンジンの燃料圧のモニタおよびフィードバック制御による燃料噴射圧の最適化に用いられる。
変速機油圧	2～5	CVTの変速比を制御するため、ベルトプーリの幅を可変するアクチュエータの油圧を検出して、フィードバック制御する。
ﾌﾞﾚｰｷ油圧	5～20	電子制御ブレーキなどのシステムにおいて、マスタシリンダやアキュムレータおよび各車輪のブレーキ油圧を検出し、各車輪のブレーキ油圧を制御する。
ｴﾝｼﾞﾝ油圧	0．3～0．5	可変シリンダシステムのエンジンで、気筒休止のために、吸排気バルブのリフトを制御するエンジン油圧を監視する。

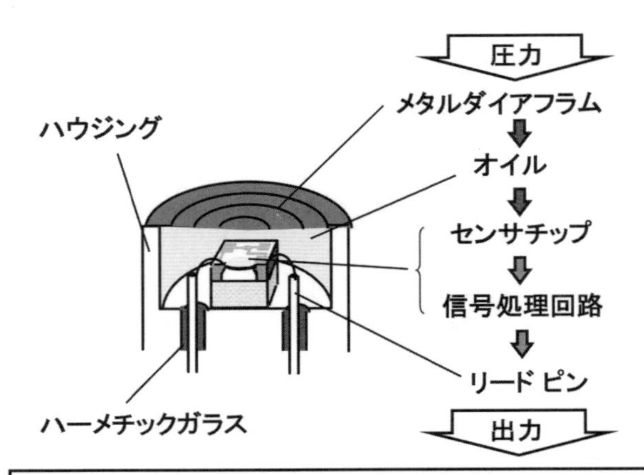

特徴：センサチップがオイル室内に配置され、保護されている
⇒様々な圧力媒体に適用可能

図2-4-8 オイル封止タイプの高圧センサ構造

ガソリン、ブレーキオイルなどの媒体からの圧力を、厚みが 30 μm 程度のメタルダイアフラムで受けます。この圧力が、充てんされたオイルに伝達され、このオイルの圧力をピエゾ抵抗式のセンサチップで検出するわけです。

このタイプの構造の特徴は、センサチップがオイルとメタルダイアフラムで保護されているため、圧力媒体自身あるいは媒体に含まれる汚れ成分による化学的アタックに強く、どのような圧力媒体に対しても、センサチップへのアタックを懸念することなく使用できるという点です。この特長を活かして、オイル封止タイプの圧力センサは、表 2-4-2 に示したような様々な用途に、幅広く使用されています。

オイル封止タイプの Si ピエゾ抵抗式高圧センサについて、ブレーキ用の油圧センサとエアコン用の冷媒圧センサの２つを取り上げて、そのパッケージング技術を説明します。

①ブレーキ油圧センサ

自動車のブレーキシステムは、横滑り防止などのシステムに見られるように、各車輪のブレーキの効き具合を個別に電子制御するように進化してきています。このため、ブレーキ油圧センサは、マスタシリンダやアキュムレータ（蓄圧器）の油圧を監視するだけでなく、各車輪のブレーキ油圧を検出して制御にフィードバックするため、図2-4-9に示すように、1台の車に7個の油圧センサが搭載されることも珍しいことではありません。

これらの油圧センサは、油圧を切り替え制御する複数個のソレノイドバルブとともに、ブレーキアクチュエータと呼ばれるブレーキ油圧の制御機器に、まとめて組み込まれます。従って、ブレーキ油圧センサには、小型で機器への組み込みに適したもの、具体的にはソレノイドバルブと同様の体格、形状のものが望まれます。

ブレーキアクチュエータへの組み込みに用いられるブレーキ油圧センサの外観写真を図2-4-10に示します。油圧センサは、ソレノイドバルブと同じように、アクチュエータのアルミ製のハウジング部分にかしめて搭載できるように、センサのハウジングの形状や寸法をソレノイドバルブと揃えています。また、センサへの配線は、ソレノイドバルブの駆動用のバスバー配線を利用して抵抗溶接で接続するため、ワイヤハーネスやコネクタが不要となり、リードピンでの端子の取り出しとなっています。

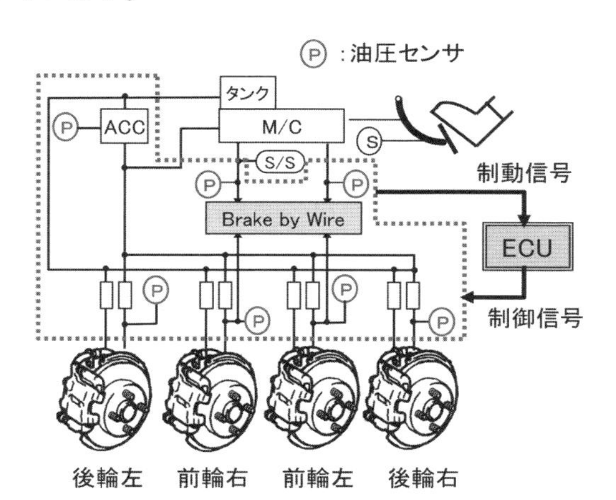

図2-4-9　4輪独立ブレーキ制御システム

図2-4-10 ブレーキ油圧センサの外観

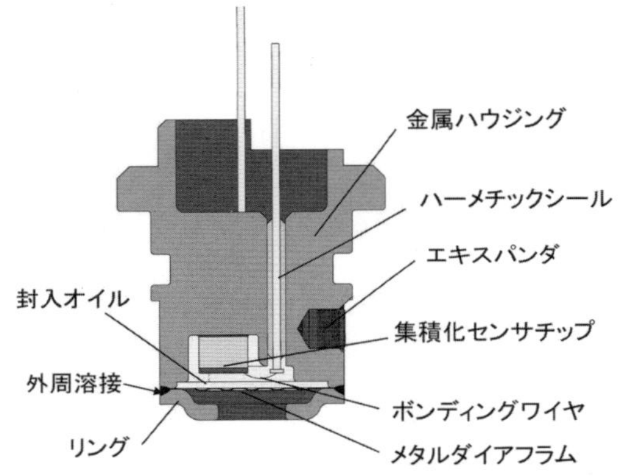

図2-4-11 ブレーキ油圧センサの断面構造

オイル封止タイプのブレーキ油圧センサの断面構造を図2-4-11に示します。オイル室となる金属ハウジングの窪み部分に、台座ガラスを陽極接合したセンサチップが接着材で固定されます。センサチップは、図2-4-12に示すように、ゲージ抵抗を配置したダイアフラム部分の周りに、増幅回路やノイズ保護素子などの信号処理回路も搭載された1チップ集積化センサとなっています。

センサチップとリードピンはボンディングワイヤで接続され、メタルダイアフラムはハウジングとリングで挟み込んで外周を溶接します。オイル室へのオイルの充填は、エキスパンダ部分のオイル充填穴から行われて、この穴がエキスパンダで封止されます。

この構造での最も重要な点は、オイル室の封止構造の信頼性で、リードピンのガラスハーメチックシールとエキスパンダによるオイル室封止の2つがポイントです。

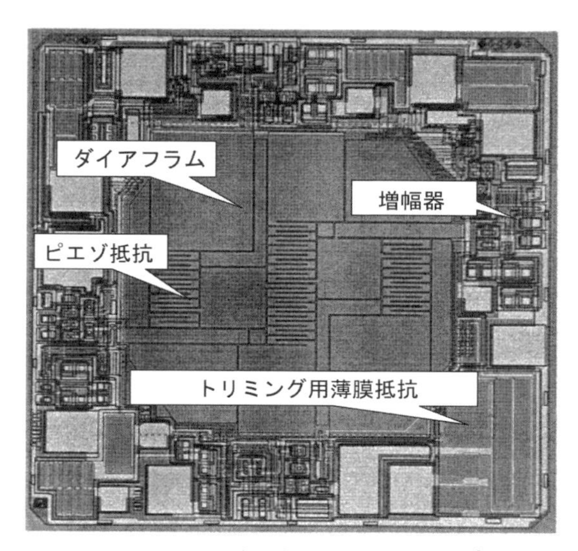

図2-4-12 集積化センサチップ

ガラスハーメチックシールは、低炭素鋼のハウジングとニッケル合金のリードピンの間に、シリコン酸化物系のガラスを約1000℃程度で焼成して流し込みます。これを室温に戻すと、ガラスのほうが金属に比較して熱膨張係数が小さく収縮率が小さいため、図2-4-13に示すように、ガラスに圧縮応力が発生してハウジングとリードピンの隙間が封着されます。これを焼ばめ効果といいます。

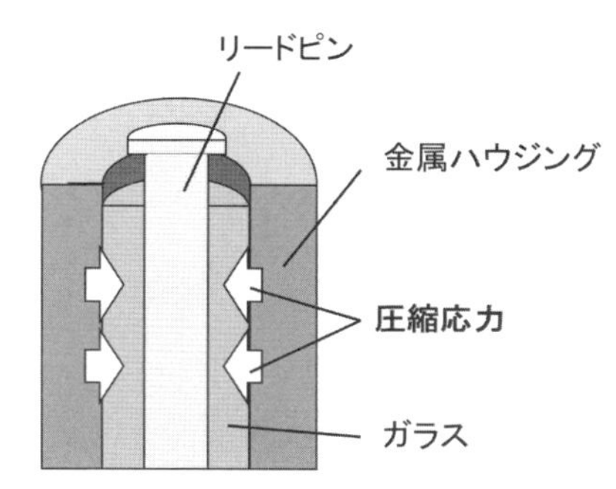

図2-4-13 ガラスハーメチックシール

オイル室の封止は最終的にエキスパンダによって行われます。これは図2-4-14に示すように、エキスパンダの中に予めセットされた鋼球を専用治具で打ち込むと、エキスパンダがハウジングの穴の径方向に拡がって、これがハウジングに喰い込むことによってオイル室の封止が確保されます。なお、このエキスパンダの外側は、測定媒体であるブレーキオイルの中に置かれるようにしているため、エキスパンダの内と外は同じ圧力になります。このため、シール部には圧力媒体による外力がほとんどかからず、より安全なシール構造になっています。

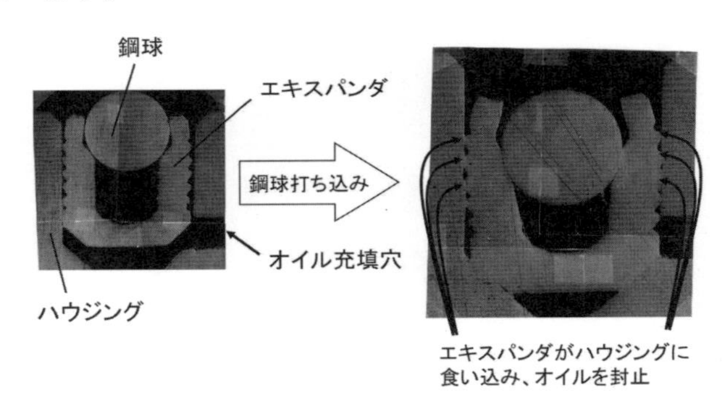

図2-4-14 エキスパンダによるシール

②エアコン冷媒圧センサ

エアコン冷媒圧センサは、図2-4-15に示すように、循環する冷媒のコンプレッサによる吸入圧縮、コンデンサでの熱交換による凝縮、エキスパンションバルブ（膨張弁）による減圧、エバポレータによる吸熱気化という冷凍サイクルにおいて、コンデンサ後方の高温高圧の冷媒圧力を検出します。

冷媒圧センサが異常な圧力を検知した時には、コンプレッサを停止させて冷凍サイクルの機器を保護します。コンプレッサはベルトを介してエンジンより駆動力を得ていますが、その駆動力の伝達を電磁力でON、OFFするため、コンプレッサのベルトプーリの部分にマグネットクラッチが設けられています。圧力が異常に高くなると、機器の故

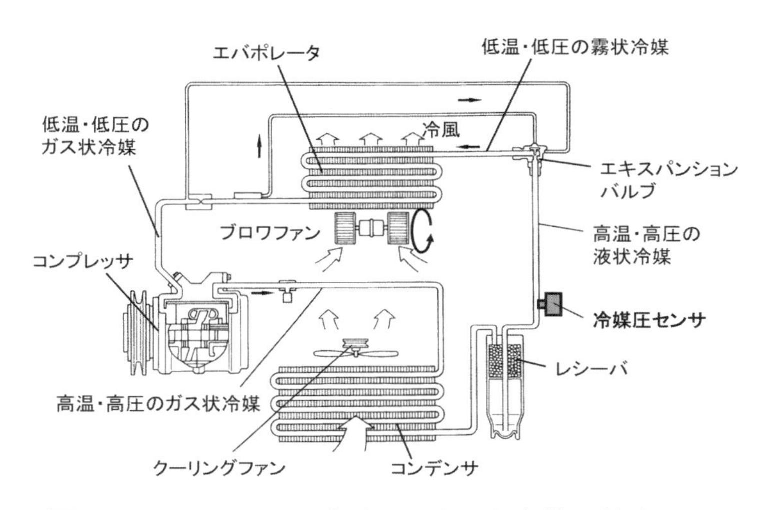

図2-4-15 エアコンの冷凍サイクルと冷媒圧検出

障、破損につながるため、マグネットクラッチの電源を切ってコンプレッサを停止（プーリを空回り）させます。

冷媒がガス漏れなどにより極度に不足した状態のときにコンプレッサを駆動させると、コンプレッサオイルの潤滑が悪くなり、焼き付きを起こす恐れがあります。そこで、冷媒不足により冷媒圧力が極端に低い場合にも、マグネットクラッチの電源を切ってコンプレッサを保護します。また、冷媒圧センサの信号は、省燃費のために冷房能力を適正に調整する目的で、コンデンサの冷却用電動ファンの制御や、可変容量コンプレッサの稼動容量制御にも用いられます。

オイル封止タイプのエアコン冷媒圧センサの外観と断面構造を図2-4-16に、そのオイル室のシール部の拡大図を図2-4-17に示します。コネクタが一体となった樹脂ケースの窪み部分に、台座ガラスを陽極接合したセンサチップが接着材で固定されます。センサチップと樹脂ケースにインサートされたコネクタピンはボンディングワイヤで接続され、コネクタピンの周りにはシール剤が注入されています。

メタルダイアフラムは、金属ハウジングにリングで挟み込んで予め

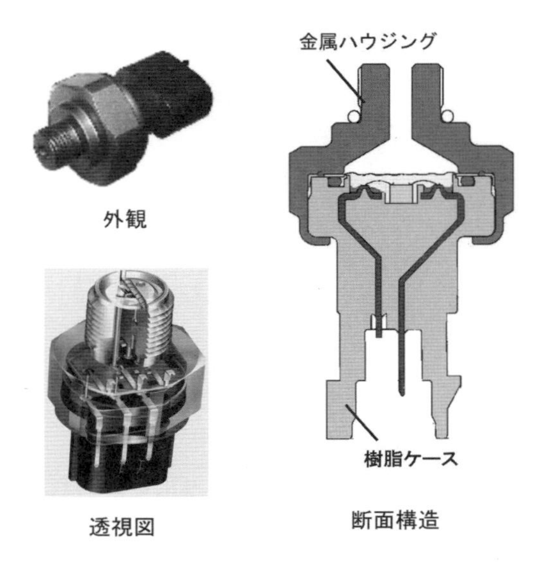

図2-4-16 エアコン冷媒圧センサの構造

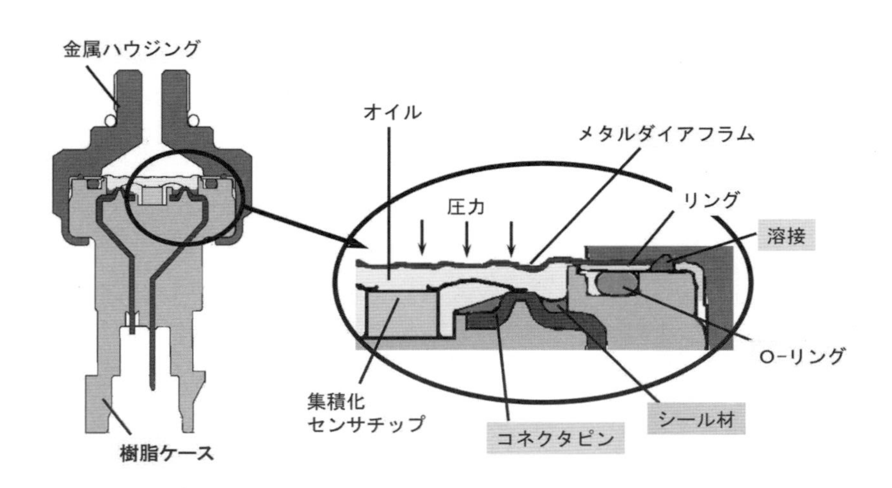

図2-4-17 エアコン冷媒圧センサのオイル室シール構造

外周を溶接します。オイル室となる樹脂ケースの窪み部分にオイルを満たし、窪み部分の周囲にはO-リングをセットします。メタルダイアフラムが溶接された金属ハウジングを樹脂ケースに押し当てて、樹脂ケースを巻き込むようにかしめて固定します。

この構造のポイントは、樹脂ケースでオイルを封止するところにあります。樹脂を用いてオイル封止するには、次の3つが必要です。

ⓐ 樹脂本体にオイルが浸透しないこと

ⓑ 樹脂が印加される圧力に耐える強度を持つこと

ⓒ 樹脂とコネクタピンとの隙間をシールすること

これら3つについて以下に説明します。

ⓐ 樹脂に浸透しないオイルの選定

通常のオイルの分子径は2～10 nmです。これに対して、金属やガラスであれば、その格子間距離は0.2～0.7 nm程度のため、オイルが金属やガラス本体に浸透することはありません。しかし、樹脂の格子間距離は一般に20～30 nmであるため、図2-4-18に示すように、これより大きな分子径を持つオイルを使用する必要があります。これに加えて、車載環境温度を考慮すると、オイルの耐熱温度は200℃以上が必要です。このため、オイルには、分子径が100 nm以上で熱分解温度が300℃以上のフッ素オイルが使われます。

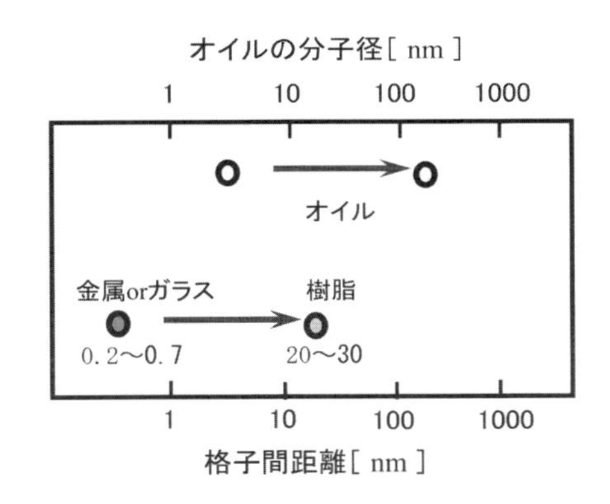

図2-4-18　樹脂によるオイルシールの考え方

ⓑ 樹脂の耐圧強度

このセンサは、金属ハウジングで樹脂をかしめる構造のため、まず温度サイクルでかしめが緩まない樹脂材料を選定することが必要です。そのような樹脂材料としては、ガラス繊維入りのPPS（ポリフェニレンサルファイド）があります。

オイル室が設けられた樹脂ケースの表面には、圧力媒体からの圧力が印加されます。樹脂材料の強度としては、曲げ強度といった静的な破壊強度以外に、圧力の繰り返し印加に対する疲労強度と、連続的な長時間加圧に対するクリープ強度を考慮する必要があります。通常、疲労強度やクリープ強度は、静的な破壊強度の１／２～１／３になるため、十分な注意が必要です。また、一般的に樹脂の強度は高温になるほど低下するため、使用最高温度における疲労強度やクリープ強度を正確に把握して、許容最大応力を設定する必要があります。

一方、樹脂ケースに印加される圧力によって発生する樹脂ケースの各部の応力を、有限要素法による応力解析で求め、最大発生応力が材料強度から決まる許容最大応力を超えないように形状設計を行います。図2-4-19にその応力解析の一例を示します。この例では、樹脂ケースの首部コーナーに最大応力が発生しており、この応力が材料強度を下回るように、T（樹脂厚さ）、R（コーナー半径）、L（かしめ長）などの形状パラメータを最適化するわけです。

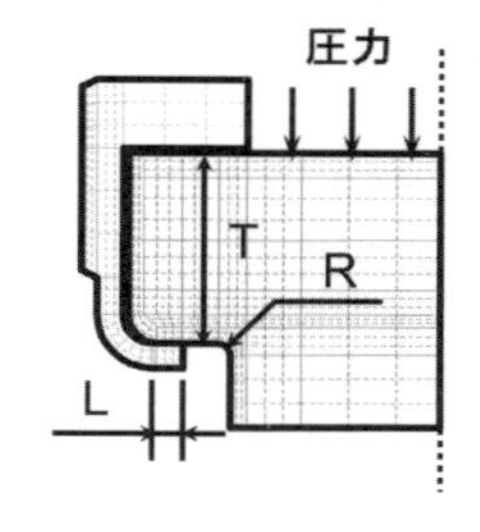

(a)解析モデルと形状パラメータ

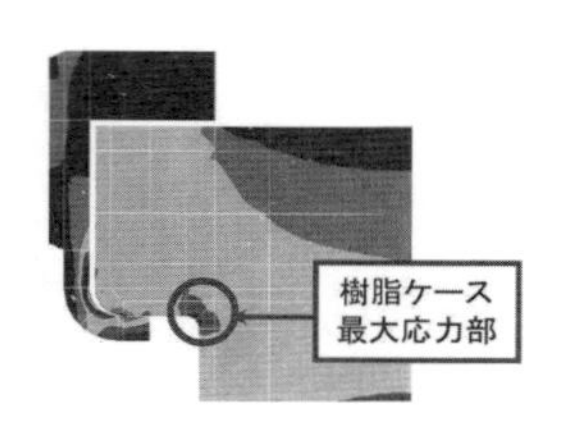

(b)発生応力図

図2-4-19 樹脂ケースの応力解析の一例

ⓒ コネクタピンのシール

電気信号を取り出すコネクタピンは、樹脂ケースにインサート成形で固定されていますが、樹脂とコネクタピンとの界面は完全にシールされているわけではなく隙間があるため、このままではオイルが漏れてしまいます。これを防止するために、コネクタピンの周りにシール材を注入します。このシール材は、図 2-4-20 に示すように、圧力が印加されるとコネクタピンの隙間を埋めるように拡がろうとするため、耐圧の高いシール構造となっています。

シール材料としては、オイル室のフッ素オイルに侵されないことが必要で、シリコーンゴムが使われています。ただし、シリコーンゴムの熱膨張係数は 200ppm 以上もあり、コネクタピンの材料である銅の 16ppm、樹脂材料の PPS の 30ppm と比べて非常に大きいため、熱膨張差による熱応力でシール材とコネクタピンもしくは樹脂との界面がはがれないように、構造設計に留意が必要です。具体的には、シール材界面の熱応力が、シール材のコネクタピンや樹脂との接着強度(疲労強度およびクリープ強度) を超えないように、シール材注入部の形状を設計する必要があります。

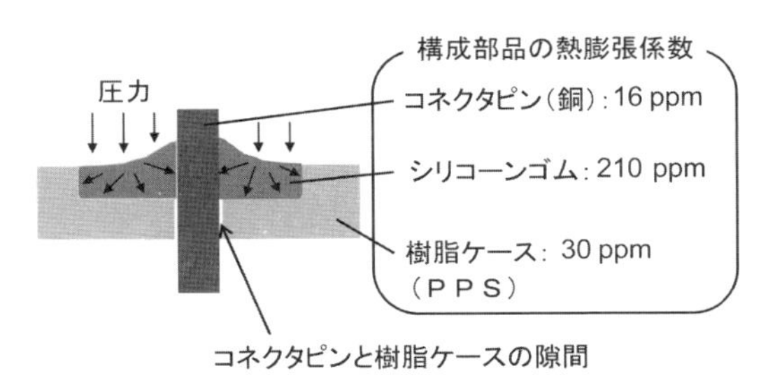

図2-4-20 コネクタピンと樹脂の隙間シール

2-4-4 超高圧センサのパッケージング技術

自動車用の圧力センサの中で、最も高い圧力を検出するのがディーゼルエンジン用のコモンレール圧センサです。ディーゼルエンジンの燃料噴射システムの一つであるコモンレール式燃料噴射システムは、優れた特徴を持っており、このシステムにおいて、コモンレール圧センサは、最大で約200MPaという極めて高い燃料噴射圧力を検出するために用いられます。

ディーゼルエンジンはガソリンエンジンに比べて熱効率が高いため、燃費が良く、CO_2の排出量が少ないという特長があります。経済性に優れ、環境にも優しいという点から、欧州では、トラックやバスといった商用車だけでなく、乗用車においてもディーゼルエンジンの車が広く普及しています。国によっては、乗用車の40%以上がディーゼル車というところもあるほどです。

一方、ディーゼルエンジンは、燃料である軽油の沸点がガソリンに比べて高いため均一な混合気が得られにくいなどの理由から、本質的に均一な燃焼を得るのが難しく、黒煙や粒子状物質（PM）が発生し易いという難点があります。特に、燃料を多く必要とする発進時や加速時などの高負荷時に、この傾向が顕著に現れます。この排出ガスの清浄化の難しさが、日本ではディーゼル乗用車の普及が進まない要因の一つとされています。

ディーゼルエンジンの排出ガスの清浄化を図るために重要なポイントの一つは、いかに燃料を微粒化してシリンダ内に均一な噴霧を得るかというところにあります。燃料噴霧の微粒化による燃焼改善をするためには、燃料噴射圧をできる限り高くすることが望まれます。さらにこの燃料噴射圧は、エンジンの回転数や負荷状態によらず、安定して高い圧力を得られることが必要です。特に、エンジン回転が低く高負荷となる発進時は、燃料を圧送する燃料サプライポンプにとって能力的に厳しい領域ですが、ここで十分な高圧燃料噴射が得られないと、不完全燃焼による発進時の黒煙発生につながってしまいます。

このディーゼルエンジンの課題を解決する燃料噴射システムが、コモンレール式燃料噴射システムです。コモンレール式燃料噴射システムは、図2-4-21に示すように、サプライポンプで高圧に圧縮された燃料をコモンレールと呼ばれる蓄圧室に蓄え、この高圧燃料のシリンダ内への噴射を、ECUからインジェクタの電磁弁を制御することによって行うものです。その燃料圧力は、コモンレールに取り付けられたコモンレール圧センサによって検出され、サプライポンプの電磁弁によって、エンジンの回転数と負荷に応じて規定される最適な値にフィードバック制御されます。

このようにサプライポンプから圧送される高圧燃料を、コモンレールにいったん蓄えることで、エンジンの回転数が低い時でも高圧の燃料噴射が可能となり、エンジンの運転条件に影響されること無く、燃料の噴霧を微粒化することができます。その結果として、発進時や加速時の高負荷時に燃料噴射量を増やしても、不完全燃焼が改善されディーゼルエンジン固有の黒煙を大幅に低減することが可能になります。

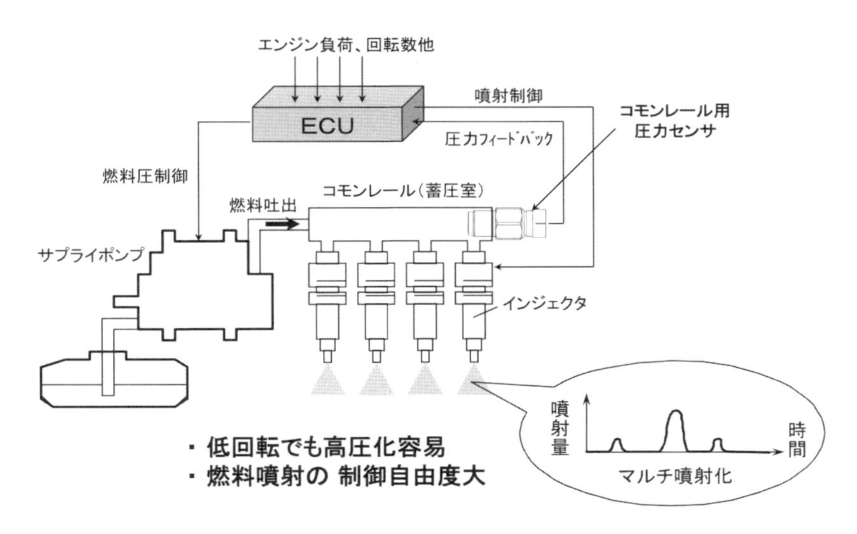

図2-4-21 コモンレール式燃料噴射システム

また、エンジンの回転数によらず、燃料噴射の時期、噴射量、噴射圧を自在に制御できるため、車両の運転条件に応じた最適な燃料噴射を行うことで、排出ガス中の窒素酸化物の抑制や騒音、振動、始動性といったディーゼルエンジンの様々な課題の改善にも結びつきます。

このように優れた特徴を持つコモンレール式燃料噴射システムの高圧燃料噴射を支えるのが、コモンレール圧センサです。コモンレール圧センサには、主にSiピエゾ抵抗式と薄膜ピエゾ抵抗式の2種類が使われていますが、Siピエゾ抵抗は、薄膜ピエゾ抵抗に比べて3～10倍のピエゾ抵抗係数を持つため、感度を高くできるという点で有利です。以下に、Siピエゾ抵抗式のコモンレール圧センサのパッケージング技術について説明します。

Siピエゾ抵抗式のコモンレール圧センサの外観と体格の一例を図2-4-22に示します。このセンサは、200MPaという超高圧に耐えうる構造と±1%FSという高い圧力検出精度を有しています。

その内部構造を図2-4-23に示します。圧力検出部は、200MPaという超高圧を検出するため、金属製のステムにセンサチップを低融点ガラスで接合した構造になっています。センサチップは、これまで述べたセンサに使われている薄肉のダイアフラム部が形成されたものではなく、厚さが200μm程度の平板のチップです。燃料圧は、ステムに設けられた薄肉のダイアフラム部で受圧します。圧力が印加され

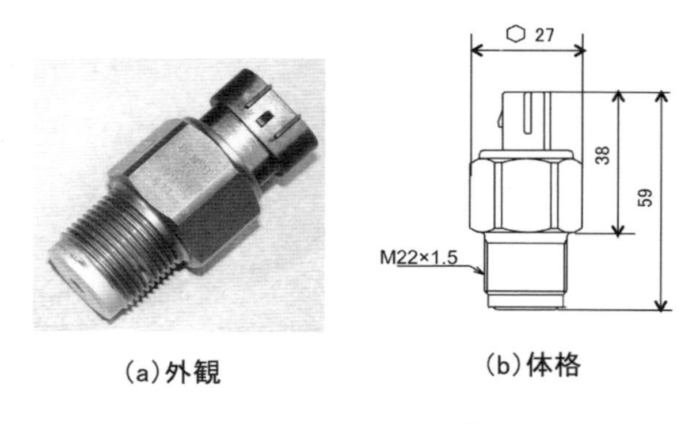

(a)外観　(b)体格

図2-4-22　コモンレール圧センサ

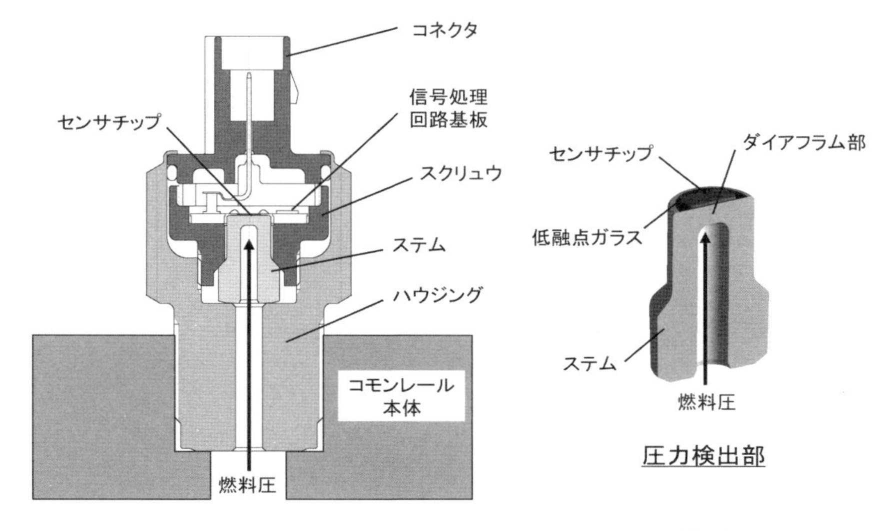

図2-4-23　コモンレール圧センサの構造

ると、ダイアフラム部とその直上に接合されたセンサチップが一体となって歪み、これがセンサチップに形成されたゲージ抵抗のセンシングブリッジで検出されます。

センサチップの表面側は大気中に開放されていますので、大気圧との相対圧を検出することになりますが、コモンレールの燃料圧は大気圧の1000倍以上ですので、大気圧の多少の変動は無視でき、絶対圧を検出するのとほぼ同等であると言えます。

圧力検出部を形成するステムは、コモンレール本体への装着部である金属製のハウジングに、スクリュウによって押し付けられて固定されます。一方、センサチップからの圧力検出信号は、ボンディングワイヤで信号処理回路基板に接続され、信号処理回路の電源、GND、出力の端子は樹脂製のコネクタにインサート成形されたコネクタピンと接続されています。

この構造において最も重要な部分は、言うまでもなく圧力検出部です。高精度で、かつ高耐圧なセンサを実現するための、圧力検出部の構造上の要点は、以下の５点になります。
①ステム材料の熱膨張係数と強度
②ステムとセンサチップのガラス接合
③ステムのダイアフラム部の形状
④ステムとハウジングとの接触部のシール
⑤ステム形状の最適化によるストレス低減

これらの要点は図 2-4-24 にもまとめて示しましたので、合わせて参照して下さい。これら５つの要点について以下に順に説明します。

①ステム材料の熱膨張係数と強度

圧力検出部を形成するステムの材料に求められる特性は、熱膨張係数と強度です。ステムとセンサチップの接合には、センサチップとの熱膨張係数の整合および比較的低い温度（400℃程度）で安定した接合が得られるということから、接合材には低融点ガラスを用いますが、高精度化のための熱応力の低減という点から、ステム材料の熱膨

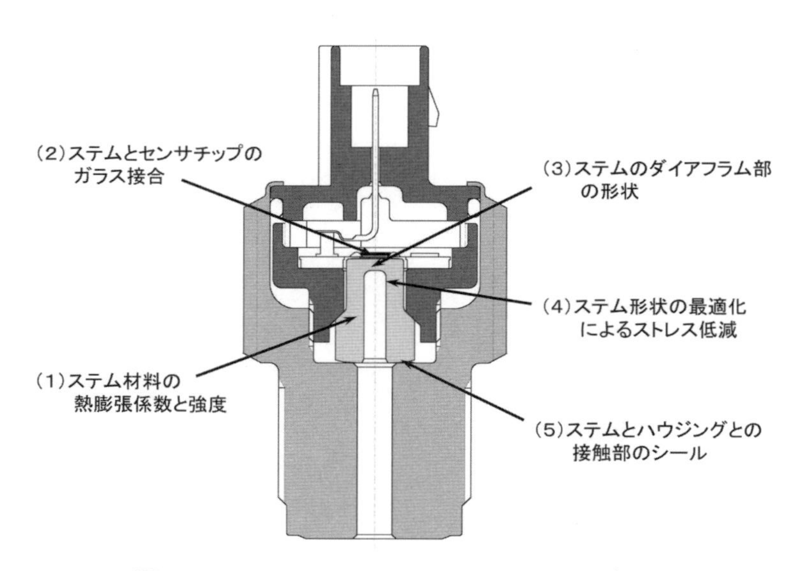

図2-4-24 コモンレール圧センサの要点

張係数は接合材である低融点ガラスの熱膨張係数(5～6 ppm／℃)にできる限り近いことが望まれます。一方、強度の点では、ステムには200MPaに近い燃料圧が繰り返し印加されるため、300ないしは400MPa以上の疲労強度を持つ材料が必要です。

図2-4-25に示すように、熱膨張係数の点では、ガラスとの接合に一般的に用いられるFe-Ni合金やコバールと呼ばれる合金（Fe-Ni合金のNi含有量の一部をCoに置き換えたもの）などが適しています。一方、疲労強度の点では、SUS630などの高強度鋼がありますが、ステムには両者の特性を併せ持つ材料が必要です。このように低熱膨張で高強度な合金は、コバール系のFe-Ni-Co合金をベースに、少量のTi、Nb、Alを添加して、SUS630などの析出硬化系の高強度鋼と同様な時効硬化熱処理をすることによって得られます。

②ステムとセンサチップのガラス接合

ステムとセンサチップの接合は、ステムのダイアフラム部に圧力が印加された時に、ダイアフラム部とセンサチップが一体となって歪むこと、言い換えれば、印加された圧力が接合部で緩和されることなく伝達されるために、できる限り強固な接合を得ることが必要です。

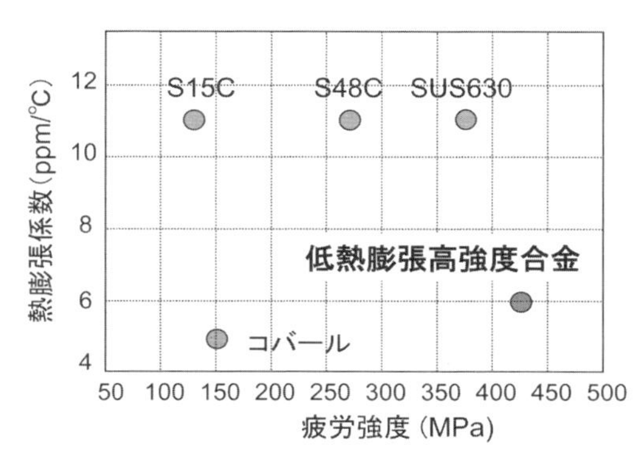

図2-4-25 ステム材料：低熱膨張高強度合金

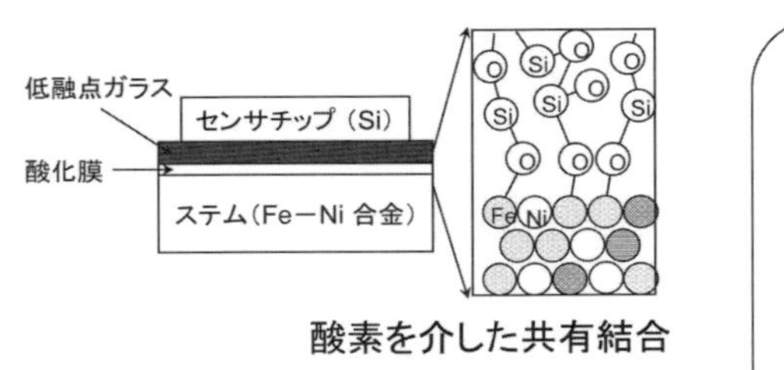

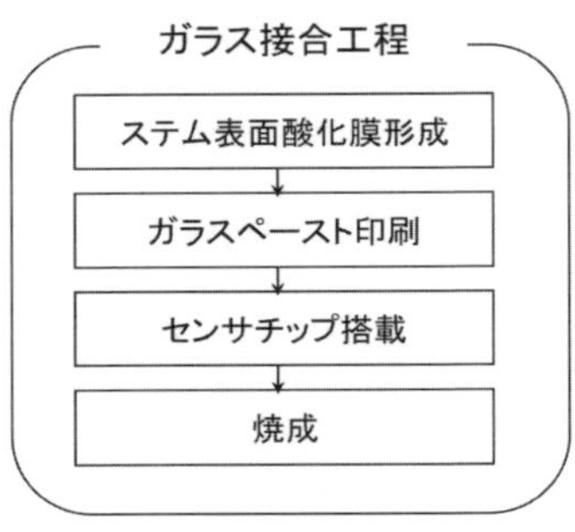

図2-4-26 ステムとセンサチップのガラス接合

そこで、図 2-4-26 に示すように、ガラスペーストを印刷して焼成する前に、熱処理によってステムの表面に予め酸化膜を形成します。この酸化膜の上にガラスペーストを印刷、焼成することによって、ステムとガラスの界面には酸素を介した共有接合が形成され、超高圧の繰り返し加重に対しても十分な耐力を持ったガラス接合が得られます。

③ステムのダイアフラム部の形状

ステムのダイアフラム部の形状は、圧力感度と耐圧を決定する重要な要素です。図 2-4-27 に示すように、ダイアフラム径とダイアフラム厚および角部の曲率が主たる形状パラメータになりますが、必要な圧力感度を確保しつつ、最大圧力が印加された時も構成部材の各部の応力が材料強度を超えないように、これらの形状パラメータを最適化する必要があります。

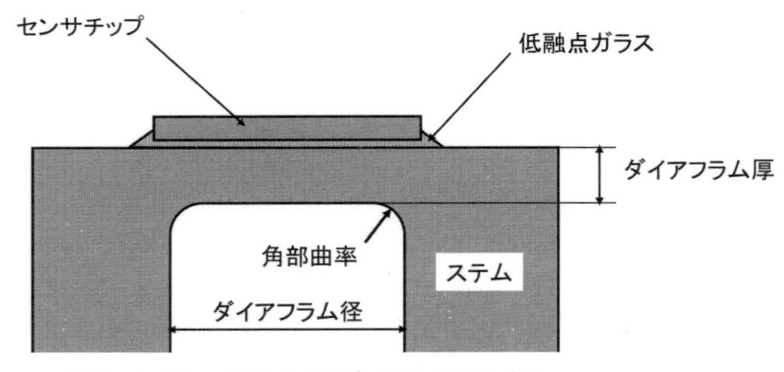

図2-4-27 ステムのダイアフラム部

最適化にあたっては、有限要素法による応力解析を活用しますが、この構造で最も留意すべき点はガラス接合部に発生する応力で、これが低融点ガラスの材料強度を超えないように、ダイアフラム部の形状寸法を決定しなければなりません。

④ステムとハウジングとの接触部のシール

ステムとハウジングとの接触部は、超高圧の燃料を封止するうえで極めて重要な部位です。図 2-4-28 に示すように、スクリュウをハウジングにねじ込むことによって、その軸力でステムがハウジングに押し付けられます。

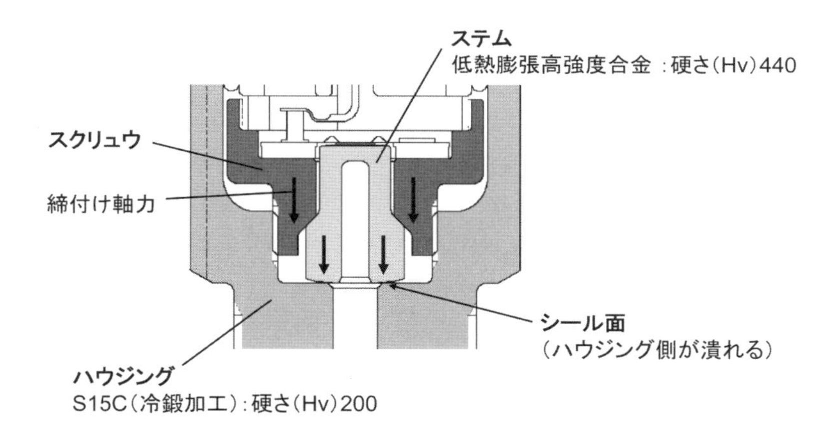

図2-4-28 ステムとハウジングとの接触部のシール

この接触部のシールは、基本的にはステムより硬度の低いハウジング側を押し潰してシール面を形成するもので、200MPa の燃料圧に耐えるのに必要な接触部の面圧を確実に得るためには、スクリュウの締付けトルクと、ステムとハウジングの接触部の面粗度が重要な管理項目になります。

⑤ステム形状の最適化によるストレス低減

ステムには、スクリュウによる締付け軸力がかかるとともに、200MPa の燃料圧が印加されます。この時のステムに発生する応力を解析した結果が、図 2-4-29 です。最大応力の発生部位は、ダイアフラム部ではなく、図中の A 部になっています。

A 部の最大発生応力に影響を及ぼす主な形状パラメータは、図中に示したステムの首下長さ L とスクリュウからの軸力受け面角度 θ です。このうち一例として、軸力受け面角度 θ と A 部の最大発生応力との関係を解析した結果を図 2-4-30 に示します。この結果から A 部の最大発生応力を最小にするには、θ を 45 度とすればよいことがわかります。

このように有限要素法を用いた応力解析によって、影響するパラメータを抽出して、これを最適化していくことは、センサの性能あるいは信頼性の向上に非常に有効な手法です。

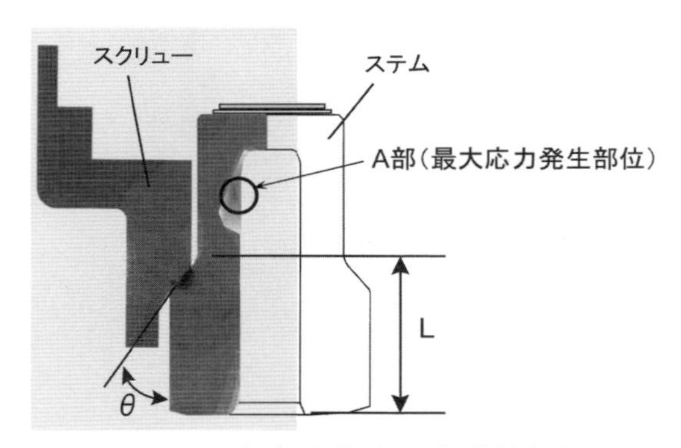

図2-4-29 ステムに発生する応力の解析結果

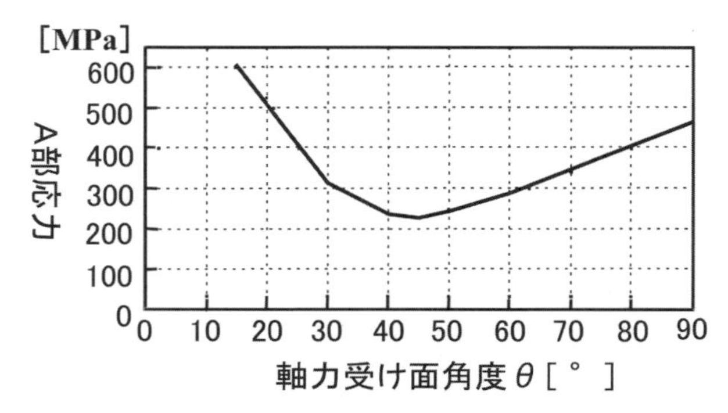

図2-4-30 形状（θ）の最適化による応力の最小化

2-4-5 極限環境に対応する圧力センサのパッケージング技術

自動車の中で最も厳しい搭載環境、それは、温度でいえば、燃料の燃焼によって1000℃以上にもなるエンジンのシリンダ内であり、化学的な腐食でいえば、排ガス成分が溶け込んで強酸性を示す排気凝縮水が生成される排気管です。このような厳しい環境でも、圧力センサは使われています。

①燃焼圧センサ

燃焼圧センサを用いた希薄燃焼制御システムの模式図を図2-4-31に示します。燃焼圧センサは、エンジンのシリンダヘッドに取り付けられ、シリンダ内の圧力を直接検出します。シリンダ内の燃焼圧力が分かればエンジントルクを精度良く算出できるため、燃料噴射量をトルク変動の許容限界ぎりぎりまで希薄な空燃比になるよう制御できます。

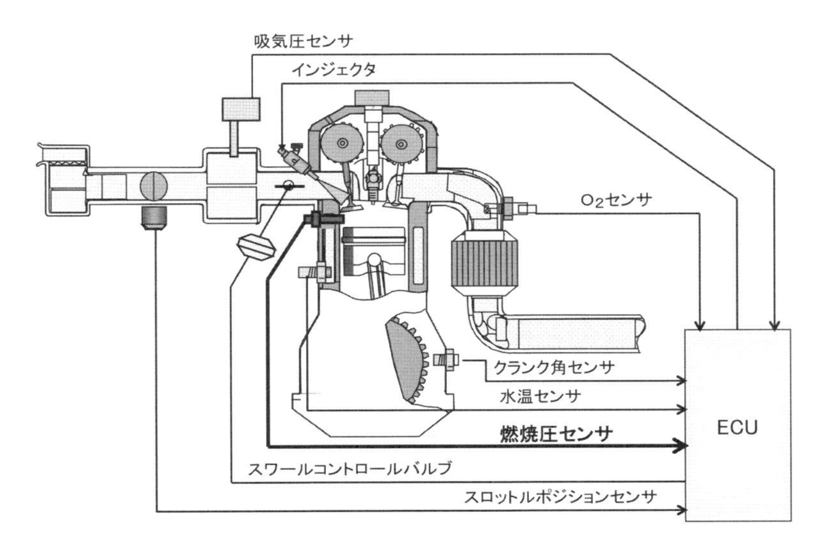

図2-4-31 燃焼圧センサによる希薄燃焼システム

燃焼圧センサの外観と構造の一例を図2-4-32に示します。このセンサの受圧構造は、ダイアフラムで燃焼圧を受け、ロッドと半球部でその圧力をセンサチップに伝達する構造になっています。ダイアフラムは、燃焼時の火炎にさらされ400℃近くまで加熱されるため、耐熱性に優れたステンレス鋼が使われています。また、ダイアフラムの断面形状は、図にも示すように、中心部と周辺部が厚く、その中間には厚みの薄い部分が同心円状に設けられています。これは、圧力感度を高めるとともに、共振周波数を下げて不要振動を防止するための工夫です。ロッドは、耐熱性に優れたジルコニア製で、400℃にもなるダイアフラムからセンサチップを熱的に隔離して、半球部に圧力を伝達する役目をします。炭素鋼製の半球部は、振動などによってロッドの軸が多少左右にぶれても、センサチップには片当たりが生じないようにするためのものです。

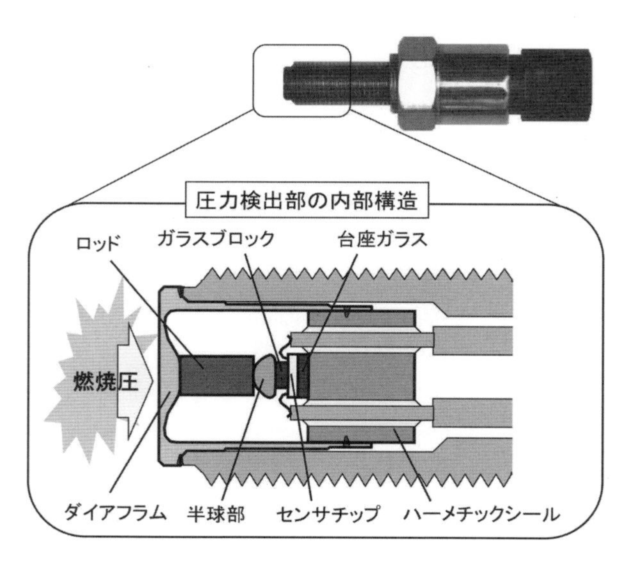

図2-4-32 燃焼圧センサの外観と構造

燃焼圧センサは、シリンダ内の圧力を直接検出することができるため、トルクの精密制御だけでなく、異常燃焼や失火検出など、エンジン制御にはきわめて有用なセンサです。このため、体格やコストなどの面でより使いやすいセンサが求められており、さらなる技術開発、特にパッケージング技術面での進化が強く望まれています。

②排ガス圧センサ

ディーゼルエンジンの排出ガス処理の1つに、図2-4-33に示すようなDPF（ディーゼルパティキュレートフィルタ）というシステムがあります。DPFは、エンジンの燃料噴射制御だけでは無くしきれない煤のような粒子状物質（PM）をフィルタで捕集して、このPMがある程度堆積したところで、フィルタを加熱することによってPMを燃やし切るという後処理システムです。排ガス圧センサは、フィルタの上流と下流の排ガスの圧力差を測定して、フィルタの目詰まり、すなわちPMの堆積状態を検出する役割をします。

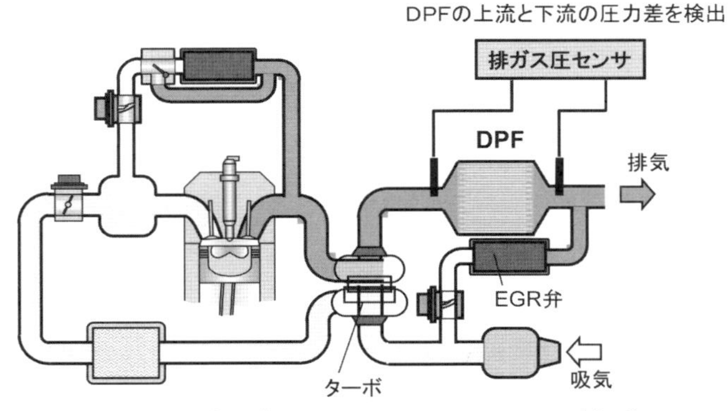

図2-4-33　排ガス圧センサのシステム構成

排ガス圧センサの外観と構造の一例を図 2-4-34 に示します。センサチップは、タンク内圧センサと同様に、穴あきの台座ガラスに接合され、チップの表面と裏面の圧力差を検出する差圧センサとなっています。そのセンサチップの両側は、オイル封止タイプの高圧センサと同様に、いずれもメタルダイアフラムでオイルを封止した構造になっています。この 2 つのオイル室のそれぞれに、ポートから導入されたフィルタの上流と下流の排ガス圧が印加され、その差圧を検出します。

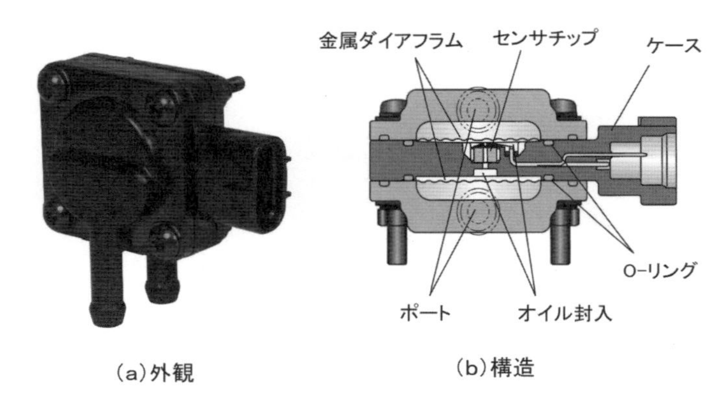

図2-4-34 排ガス圧センサの外観と構造

このセンサのパッケージングの特徴は、メタルダイアフラムの材質にあります。ポートから導入された排ガスの中に含まれる窒化物や硫化物などによって、PH（ペーハー）が 2 以下の極めて強い酸性の排気凝縮水がダイアフラム上に生成されるため、ダイアフラムには、火力発電所の煙突にも使われている高耐食性の金属が使用されています。

◉参考文献

Y.Suzuki,I.Yokomori
Sensors for Automotive Technology,7.3.Presure Sensors,WILEY-VCH,2003
矢野経済研究所
圧力・加速度・角速度センサの徹底研究 2006-2007
永坂玲、松橋肇
ガソリンエンジン空燃比制御系部品（2）
エンジンテクノロジー、Vol.1 No.2 1999
阿部吉次、他
自動車用センサの高精度・高速シリコンウエットエッチング技術の開発、デンソーテクニカルレビュー、Vol.9 No.2 2004
山下秀一、他
KOH 水溶液を用いた電圧印加による n-Si（110）の等方性エッチング、デンソーテクニカルレビュー、Vol.6 No.2 2001
笹山隆生、他
自動車エレクトロニクス、山海堂、1997
トヨタ自動車株式会社
クラウンマジェスタ新型車解説書、2009 年 6 月
渡辺敏、他
カーエアコン [第 2 版]、山海堂、2003
S.Otake et al.
Automotive High Pressure Sensor,SAE980271
田中泰、長田耕治
ディーゼルエンジン用 1800bar コモンレールシステム、自動車技術、Vol.58 No.4 2004
田中宏明、他
コモンレールシステム用超高圧センサの開発、デンソーテクニカルレビュー、Vol.9 No.2 2004
トヨタ自動車株式会社
トヨタカリーナ新型車解説書、1992 年 8 月
太田実、他
自動車用センサ、山海堂、2000

第3章
加速度センサ

3-1 加速度センサの用途

車載用加速度センサは、主に車両衝突時の安全装置であるエアバッグシステムや、ESC（Electronic Stability Control: 横滑り防止装置）などの車の挙動を制御する車両制御システムに数多く使われています。エアバッグシステムにおいては衝突判定のための衝撃力検知に、ESCのシステムにおいては、車両の横滑り挙動の検出に用いられます。

これらを表したのが図3-1-1です。図の横軸は検出加速度のレンジを示していますが、その単位はGで表しています。1Gは地球表面における重力加速度（約9.8m／S^2）に相当しますが、エアバッグシステムでの検出加速度は通常5G以上、ESCでの検出加速度は概ね1～2G程度です。自動車用の加速度センサでは、便宜上2～5Gを境にして、それ以上の検出加速度レンジのセンサを高G（加速度）センサ、それ以下のレンジのセンサを低Gセンサと区分しています。

高Gセンサの用途は、ほぼエアバッグシステムに限られますが、

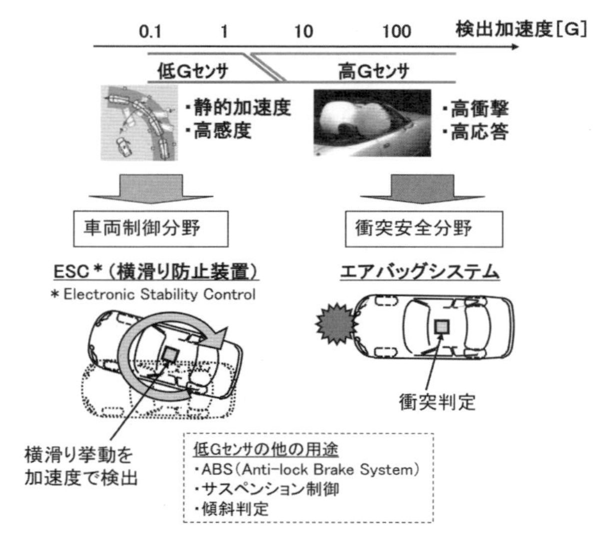

図3-1-1 車載用加速度センサの主な用途

エアバッグシステムでは、車両１台あたり７〜８個の加速度センサが使われることもめずらしくなく、高Ｇセンサの数量は加速度センサ全体のうち８割以上を占めます。低Ｇセンサの用途は、車体の横滑り挙動を検出するESCの用途以外に、前後方向のＧで車両の減速度を検出してABS（Anti-lock Brake System）のブレーキ制御に用いられるものや、サスペンション制御用として車体の上下方向のＧを検出するものなどがあります。

3-1-1 エアバッグシステム用高Ｇセンサ

①エアバッグシステム

エアバッグシステムの基本構成を図3-1-2に示します。システムは、基本的には、衝突を検出してエアバッグを展開する信号を出すエアバッグECUと、その信号を受けてバッグを展開するバッグモジュールで構成されています。バッグモジュールは、乗員を保護するバッグ自体と、バッグを膨らませる窒素ガスを発生させるインフレー

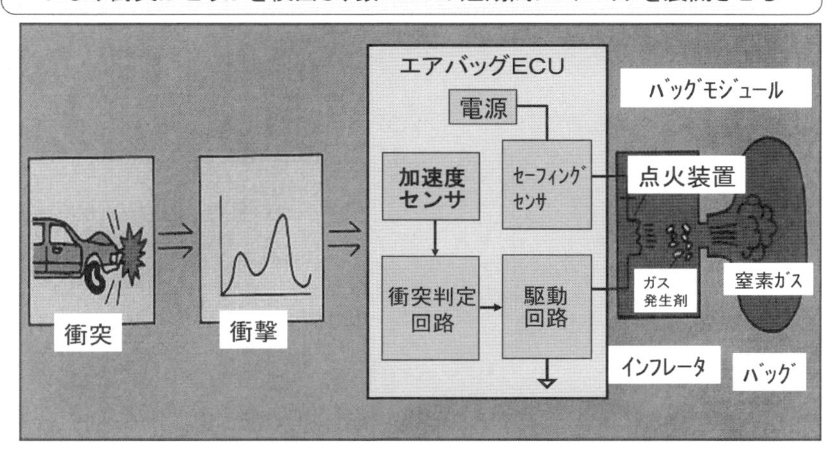

図3-1-2 エアバッグシステムの基本構成

タと、そのインフレータの点火装置から成ります。エアバッグECUは、車体のセンターコンソール付近に置かれ、車両が衝突した時に生じる衝撃を衝突検知用の加速度センサによって検出します。検出された数10Gの加速度信号は、衝突判定回路により衝突の衝撃か否かが判定されます。この判定信号は、バッグモジュールの点火装置を駆動する信号となりますが、それと同時に、セーフィング用の加速度センサも所定値以上の加速度を検出していなければ、点火されない仕組みになっています。これは、加速度センサの故障や衝突以外の振動などの誤検出、あるいは電気雑音による誤動作によって、万が一にもエアバッグが誤って展開されるのを防ぐために、センシングを2重に備えた冗長機能です。

エアバッグシステムが世界で初めて実用化されたのは、意外に古く1974年のことですが、当時のシステムは信頼性やコストなど面で甚だ未熟なもので、一旦は生産中止になってしまいました。しかし、安全性向上への積極的な取り組みに支えられて開発が進み、86年から再び車両メーカ各社での装着が始まりました。その後、92年に米国でエアバッグの装着が義務付けられたのを皮切りに、各国で装着義務が法制化された結果、90年代半ばから装着率が急激に拡大しました。

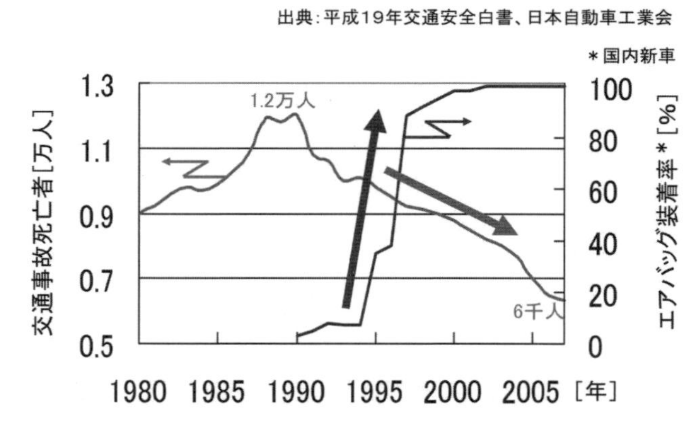

図3-1-3 交通事故死亡者数とエアバッグ装着率

参考までに、日本でのエアバッグ装着率と交通事故死亡者数の推移を図 3-1-3 に示します。交通事故死亡者数の減少は、エアバッグシステムの装着率拡大だけが原因ではないでしょうが、エアバッグをはじめとする自動車の安全システムの進化とその普及が一因であることは間違いありません。

エアバッグシステムは、運転席と助手席のエアバッグが全車に標準装着されるようになり、量的に急激な拡大がもたらされましたが、それとともに、様々な事故形態に対応して質的にも多様な進化を遂げています。図 3-1-4 に示すように、側面からの衝突に対応した前席と後席のサイドエアバッグ、側面衝突時の頭部保護や車両が横転した時に備えるカーテンエアバッグ、側面衝突時に後席の乗員同士の２次衝突を防止する後席センタエアバッグ、乗員の下肢を保護するニーエアバッグ、エアバッグの展開自体が乗員に与える加害性を軽減するための２段エアバッグなどがその例です。

２段エアバッグは、２つのインフレータを備え、衝撃の大きさによってインフレータを２段階で点火させるか、あるいは同時に点火させるかを選択するシステムです。高速での急激な衝突の場合は、２つのインフレータを同時に点火させて、乗員への深刻な被害を軽減します。

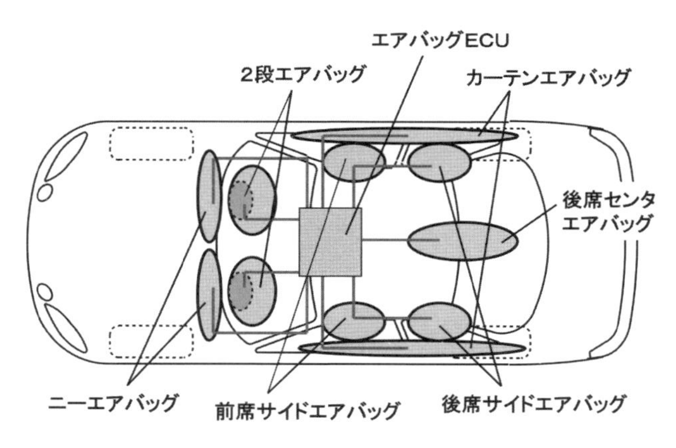

図3-1-4 エアバッグシステムの多様化

一方、車速が低く比較的穏やかな衝突の場合には、2つのインフレータを順次2段階で点火します。これによってエアバッグは緩やかに膨らむため、低中速での衝突時にみられるエアバッグの展開衝撃による乗員への加害性を低減します。このシステムでは、衝突時の衝撃の大きさをいち早く検知する必要があり、車両の最前部に置かれるフロントセンサが重要な役割を果たします。

②高Gセンサの用途

エアバッグシステムで使用される高Gセンサの搭載位置を図3-1-5に示します。図中に示したセンサの中の矢印は、加速度の検出方向を示します。車両のセンターコンソール付近に置かれるエアバッグECUには、通常、前方からの衝突を検知する前突センサとその冗長機能であるセーフィングセンサが搭載され、運転席と助手席のエアバッグを展開するために用いられます。前突センサの検出加速度のレンジは50～100G程度、セーフィングセンサの検出加速度のレンジは20～30Gです。また、車両が横転した時に乗員を保護するためのカーテンエアバッグが装備されている場合には、横転方向の加速度を検出するロールオーバーセンサもエアバッグECUに搭載されます。ロールオーバーセンサの検出加速度のレンジは5G程度です。そのエ

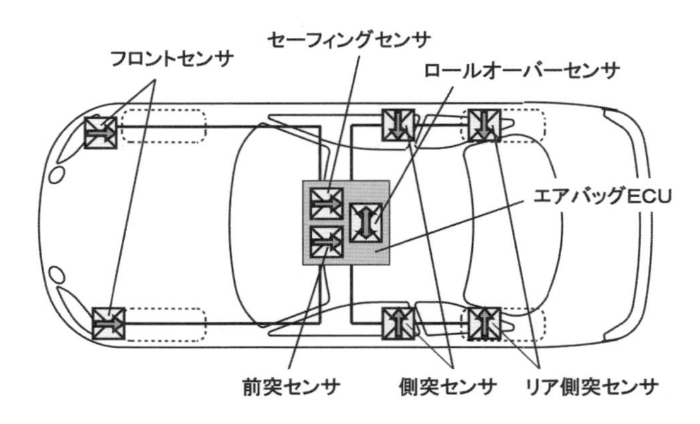

図3-1-5 エアバッグ用高Gセンサの搭載位置

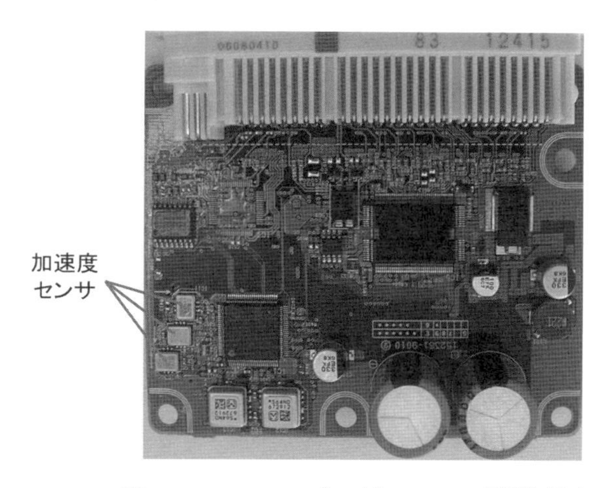

図3-1-6 エアバッグECUの回路基板

アバッグ ECU の回路基板の一例を図 3-1-6 に示します。

側面からの衝突に備えるサイドエアバッグは標準装着化が進んでいますが、側面衝突の場合、衝突箇所と乗員との距離が極めて近くなるため、その衝撃をできるだけ早く検知する必要があります。このため、左右のドアの下部付近に側突センサが搭載されます。さらに、後席にも側突センサが設けられる場合があります。側突センサは、衝突箇所の高衝撃を直接検出するため、その検出加速度のレンジは 150G 程度になります。

車両の最前部に搭載されるフロントセンサは、クラッシュゾーンセンサとも呼ばれるように、前面衝突の場合に衝突箇所の衝撃をいち早く検出するもので、先に述べた 2 段エアバッグのために、衝突の激しさを検出したり、オフセット衝突と呼ばれる、車両前面の片側だけが衝突する場合の検知に用いられたりします。フロントセンサの検出加速度のレンジは、高 G センサの中でも最も高く、100 ～ 200G にもなります。また、フロントセンサはエンジンルーム内に搭載されるため、使用温度範囲や振動、被水などの使用環境は、他の加速度センサに比べて厳しいものになります。

以上に述べたエアバッグシステム用の加速度センサの用途を、検出加速度レンジ順に整理してまとめたものを、図3-1-7に示します。

加速度レンジ	±5G	±20G	±30G	±50G	±100G	±150G	±250G
用　途	ロールオーバー	セーフィング		前突	側突		フロント（クラシュゾーン）

図3-1-7 エアバッグ用加速度センサの検出レンジ

3-1-2 低Gセンサの用途

検出加速度レンジが1～2G程度の低Gセンサは、車両制御用のシステムに数多く使用されています。車両制御システムというのは、車の基本性能である「走る」、「曲がる」、「止まる」という機能を電子制御によって、より安全に、あるいは、より快適に作動させるシステムで、先に述べたESC（Electronic Stability Control: 横滑り防止装置）などがそれにあたります。車両制御用の加速度センサとして、代表的な用途を図3-1-8に示します。

ABS（Anti-lock Brake System）は、図3-1-9に示すように、凍結した道路などの滑りやすい路面で急ブレーキをかけた時に、タイヤがロックしてスリップするのを防止し、制動距離を短く、あるいは、障害物を避けるための操舵性を確保する働きをします。このシステムにおいて、加速度センサは、車両の前後方向の加速度で車体の減速度を検出することによって、車体速度の推定精度を高めて、制動性を向上する役割を果たします。

ESCは、図3-1-10に示すように、急なステアリング操作をした時や滑りやすい路面を走行中に車両の横滑りを感知すると、各車輪に適切にブレーキをかけて、車両の進行方向を運転者の意図通りに修正、維持するシステムです。例えば、車両の前輪が横滑りしてアンダーステア（車体の旋回量がステアリングの操舵量を下回り、運転者の意図

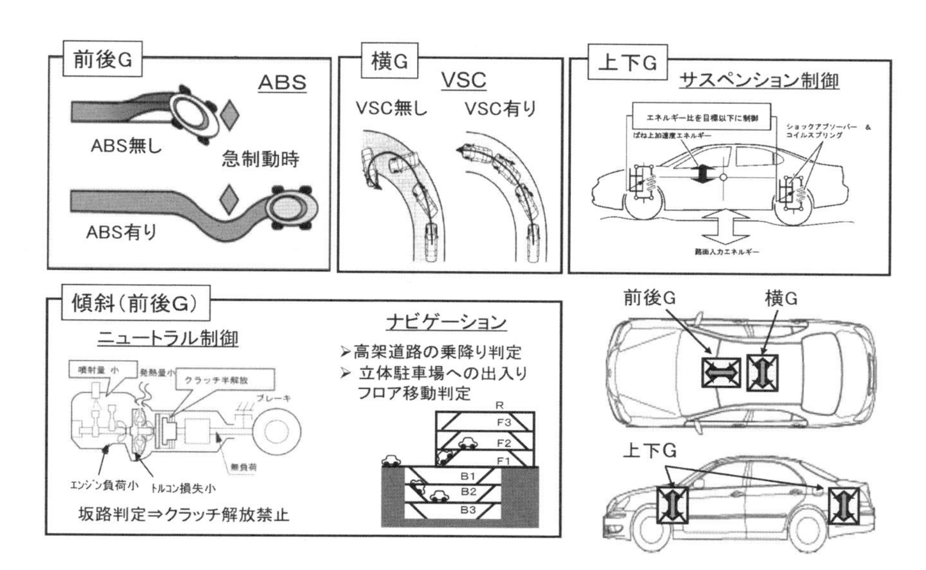

図3-1-8 車両制御用加速度センサの用途

車輪速センサにより車輪の回転速度を検出して車体速度を推定し、推定した車体速度より各車輪の滑りを算出後、各車輪がロックしない範囲でブレーキを制御する。さらに加速度センサを使用することで車体減速度が検出可能となり、制動性が向上する

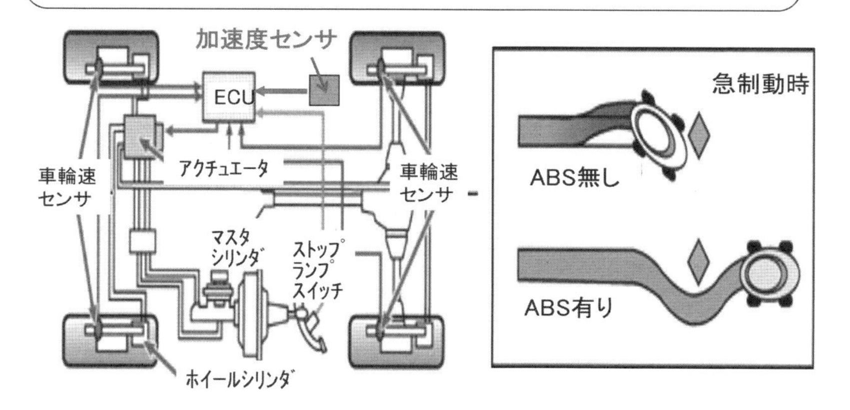

図3-1-9 ABS (Antilock Brake System)

ABSが制動時の車輪のスリップを防止するのに対し、ESCは加速度センサ、ヨーレートセンサの情報により、走行時の横滑りを防止する

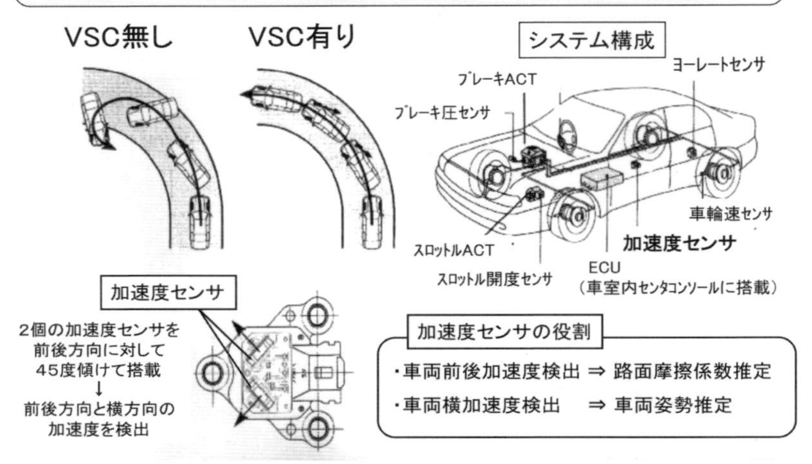

図3-1-10 ESC (Electronic Stability Control)

通りに車が曲がらないこと）になろうとする場合は、旋回内側の後輪にブレーキをかけ、また、後輪が横滑りしてオーバーステア（車体の旋回量がステアリングの操舵量を上回り、運転者の意図以上に車が曲がること）になろうとする場合は、旋回外側の前輪にブレーキをかけて、車両の方向を修正します。

このシステムにおいて、加速度センサは、図3-1-10に示したように、2個の加速度センサを前後方向に対して45度ずつ傾けて搭載して、車両の前後方向の加速度と横方向の加速度を検出します。前後方向の加速度は路面の摩擦係数を推定するために使われ、横方向の加速度は、車両の水平面での回転角速度を検出するヨーレートセンサとともに、車両姿勢を推定するのに用いられます。この加速度センサとヨーレートセンサは1つにまとめられる場合もあり、このようなセンサをイナーシャセンサと呼んでいます。図3-1-11に、イナーシャセンサの外観と内部写真の一例を示します。センサの筐体内にプリント基板が

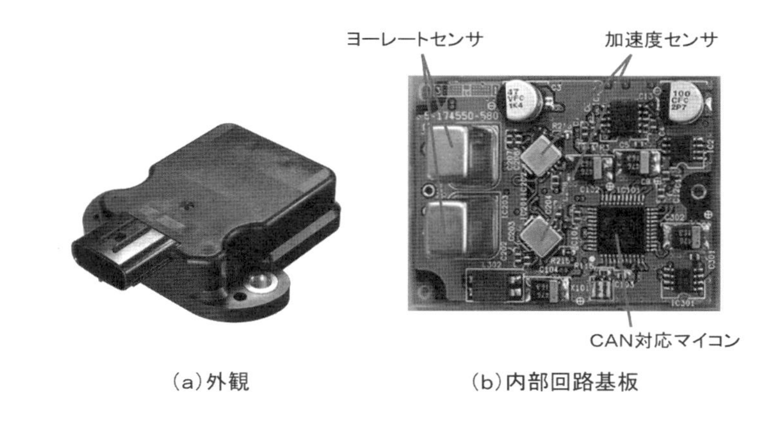

(a)外観　(b)内部回路基板

図3-1-11 イナーシャセンサ

内蔵され、加速度センサ、ヨーレートセンサとともにCAN(Controller Area Network)通信の出力に対応したマイコンが搭載されています。

サスペンション制御は、車両の荷重や走行状態、路面状況に応じて、車高を制御するとともにサスペンションのばね定数や減衰力を制御するものです。ばね定数と減衰力の制御は、急な加減速や急旋回の時に車両姿勢の変化を抑え、操縦安定性を向上させます。このシステムにおいて、加速度センサは、車両の上下方向の加速度を検出して、車体の振動を検知するのに使われます。

車両の静的な前後加速度を検出することによって、車体の傾斜を検知する用途もあります。車体が水平な時には、重力加速度は車体の鉛直方向にしか働きませんが、坂道などで車体が傾いた時には、前後方向に重力加速度による分力が発生するため、これを検出するわけです。傾斜を検知する加速度センサは、ニュートラル制御やナビゲーションシステムなどに使われます。

ニュートラル制御は、車両が停止してアイドリング状態にある時、トランスミッションのクラッチを半解放状態にすることによって、エンジン負荷を軽減して燃費を向上するシステムです。加速度センサは、坂路で停止しているか否かの判定に使われ、坂路ではクラッチの解放を禁止します。ナビゲーションシステムでは、高架道路への登り降りの判定や立体駐車場への出入り、あるいは、フロア移動の判定に加速度センサが使われます。また､そのほかにも､盗難防止のセキュリティシステムで、振動や傾きを検知するために、加速度センサが使用されることがあります。

以上に述べた車載用加速度センサの用途を、高Gセンサと低Gセンサの2つに区分してまとめたものを、図3-1-12に示します。

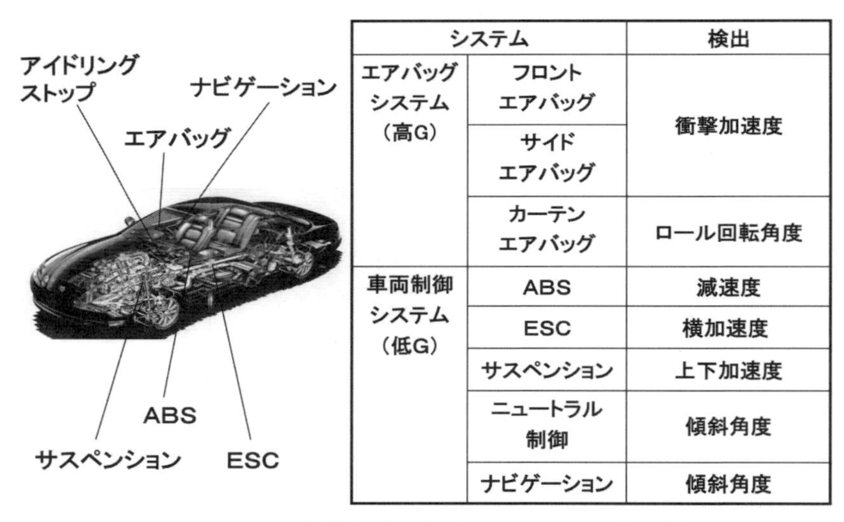

システム		検出
エアバッグシステム（高G）	フロントエアバッグ	衝撃加速度
	サイドエアバッグ	
	カーテンエアバッグ	ロール回転角度
車両制御システム（低G）	ABS	減速度
	ESC	横加速度
	サスペンション	上下加速度
	ニュートラル制御	傾斜角度
	ナビゲーション	傾斜角度

図3-1-12 車載用加速度センサの用途一覧

3-1-3 加速度センサの要求仕様

加速度センサの要求仕様を用途別にまとめて、表3-1-1に示します。加速度センサは車室内に搭載されるものが多く、その使用温度範囲は、大抵のものが-40～85°Cないしは-30～85°Cですが、フロントセンサはエンジンルーム内に搭載されるため、使用最高温度は120°Cになります。精度としては、エアバッグ用は概ね±8%程度ですが、車両制御用は±5%程度の精度が求められます。

表3-1-1 車載用加速度センサの仕様例

用途		検出加速度	感度精度	使用温度範囲
エアバッグ用	フロント	100～200G	±8%	−40～120℃
	側突	150G	±8%	−40～85℃
	前突	50～100G	±8%	−40～85℃
	セーフィング	20～30G	±8%	−40～85℃
	ロールオーバー	5G	±9%	−40～85℃
ESC用		1.5G	±4.5%	−30～85℃
ABS用		1.5G	±5%	−30～85℃
サスペンション用		1.33G	±15%	−30～85℃
傾斜センサ		1.5G	±4.5%	−30～85℃

3-2 加速度センサの方式

車載用加速度センサの方式は、機械式、圧電式、半導体式の三つに大別されます。いずれの方式においても、その検出原理は、ニュートンの運動方程式、すなわち

$F = m \cdot \alpha$（F: 物体に作用する力、m: 物体の質量、α：加速度）

が基本になります。センサに備えられたおもり（質量m）部分に加速度（α）が働くことで、おもりに慣性力（F）が作用し、その慣性力によって生じる変位、もしくはひずみを計測するわけです。

①機械式加速度センサ

機械式センサの場合、おもりが変位する形態として、おもりが直線的に動く形式や偏心ウェイトを持ったロータが回転する形式などがあります。また、その変位を計測する方式としては、おもり自体の動きで接点を開閉するスイッチ方式が一般的ですが、定量的な加速度が計測

できるように、おもりに磁性体を取り付け、この磁性体の変位を差動トランスの電磁的結合の変化で計測する方式や、おもりの動きでフォトインタラプタの光路を開閉して検出する方式なども実用化されました。

②圧電式加速度センサ

圧電式の加速度センサは、セラミックの圧電素子におもりを一体化して、おもりに働く慣性力によって圧電素子にひずみを与え、その電気分極作用（圧電効果）によって発生する電圧を、圧電素子に設けられた電極から検出するものです。

③半導体式加速度センサ

半導体式の加速度センサには、圧力センサと同様に、ピエゾ抵抗式と静電容量式があります。ピエゾ抵抗式と静電容量式は、その構造や形状に違いはありますが、どちらの場合も、シリコン基板をエッチング加工することによって、おもりとなる部分とそれを支える梁となる部分が形成されています。ピエゾ抵抗式と静電容量式の構造や検出原理は、3-3項と3-4項でそれぞれ詳しく説明しますので、ここでは以下の簡単な説明にとどめておきます。

ピエゾ抵抗式は、おもりの部分に慣性力が働くと、それを支える梁がたわんで、ひずみを生じます。梁の部分には、ブリッジ接続されたゲージ抵抗が配置されています。梁に生じたひずみで、ゲージ抵抗の抵抗値がピエゾ抵抗効果によって変化し、圧力センサの場合と同様に、この抵抗値の変化を、ブリッジ間の電圧差として検出します。

静電容量式は、おもりの部分に慣性力が働くと、それを支える梁が変形して、ばねの役割をします。おもり部分は、梁のばね力とおもりに働く慣性力がつり合うところまで変位します。その変位量を、おもり側に設けられた電極（可動電極）と、固定されたシリコン基板側に設けられた電極（固定電極）との間の静電容量の変化として検出します。

3-2-1 加速度センサの方式の変遷

エアバッグシステムが車両メーカ各社で本格的に実用化され始めた1980年代は、機械式の加速度センサが主流でした。機械式センサは、電気雑音に強く、特に外来の電磁波による誤動作がほとんど無いという特長があります。このため、1990年代前半に、半導体式センサが普及し始めてからも、セーフィングセンサやフロントセンサに多く使われていました。しかし、90年代後半には、性能、価格、体格面で優れ、信頼性面でも実績を積み重ねてきた圧電式や半導体式に、ほとんどが取って代わられました。

圧電式と半導体式のピエゾ抵抗式と静電容量式には、それぞれ表3-2-1に示すような特徴があります。また、これらの方式別使用割合の推移を図3-2-1に示します。圧電式は、比較的感度が高く、構造的に耐衝撃性に優れるという特長を持っています。また、周波数応答の帯域が広く、高周波の測定に向いているため、振動センサや衝撃センサとして広く用いられています。エアバッグ用の加速度センサとしても、前突センサや側突センサなど、様々な用途に使用され、90年代半ば頃には半導体式と市場を二分するほどでした。しかし、小型化と低価格化という点で、半導体式の進化のスピードに追従できず、図3-2-1に見られるように、2000年代に入ると主流から外れていきました。

表3-2-1　加速度センサの方式別の特徴

項目＼方式	容量式	ピエゾ式	圧電式
感度	中	小	大
周波数レンジ	狭い（低周波向き）	中	広い（高周波向き）
DC測定	可	可	不可
温度特性	小	大	中
衝撃強度	大	小	中
自己診断	容易	難	やや容易
信号処理回路規模	大	中	小

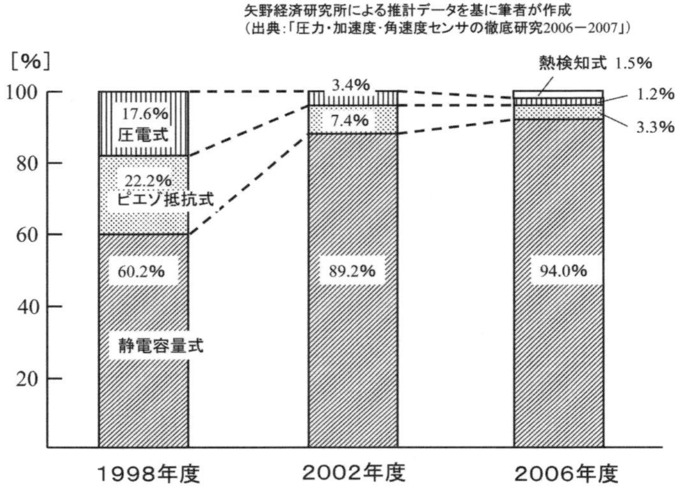

図3-2-1 加速度センサの方式別推移

半導体式の加速度センサには、ピエゾ抵抗式と静電容量式がありますが、1989年に車載用として初めて実用化された半導体式の加速度センサは、ピエゾ抵抗式の加速度センサでした。このピエゾ抵抗式の加速度センサは、これに先立つ10年間に培われたピエゾ抵抗式圧力センサの技術を最大限に活用したものでした。その後、静電容量式の加速度センサが実用化されましたが、静電容量式は、表3-2-1に示すようにピエゾ抵抗式に比べて、衝撃強度が強いということと、自己診断が容易であるという特長を持っています。

加速度センサでの自己診断というのは、センサのおもり部分に力が働いた時に、それに相当する信号が正常に出力されるかを診ることです。この自己診断は、エンジンが始動されてから車が動きだす前の間に行われることが望ましいわけですが、前後方向のGや横方向のGを検出する加速度センサでは、車が動き出さない限り慣性力が印加されないため、別の方法でおもり部分に力を与える必要があります。静電容量式では、可動電極と固定電極の間に電圧を印加すれば、おもり部分に静電引力を加えることができるため、この自己診断を比較的容易に行うことができます。このような特長から、図 3-2-1 でもわかるように、車載用加速度センサの主流は静電容量式に移行しています。

3-2-2 半導体式加速度センサの進化

ピエゾ抵抗式から静電容量式に移行してきた自動車用の半導体式加速度センサは、性能、体格、価格などすべての面で、極めて急速な進化を遂げてきました。その一端を示すものとして、半導体式加速度センサの小型化について紹介します。1989 年に車載で初めて実用化されたピエゾ抵抗式の加速度センサは、図 3-2-2 に示すような構造でした。セラミックの回路基板上にセンシング部と増幅回路を備えたチップを搭載し、その基板をハーメチックシールの缶にパッケージングしたもので、缶の中には、ダンピング用のオイルが充てんされています。このダンピングオイルは、センサに強い衝撃がかかった場合に、おもり部が大きく変位して梁の部分が折れてしまうのを防ぐためのものです。この最も初期のタイプからの小型化の推移を図 3-2-3 に示します。10 年余りの間に、センシングチップはピエゾ抵抗式から静電容量式に移行し、センサのパッケージングは缶パッケージからセラミックパッケージに変化しました。これに伴いセンサの大きさは、体積比

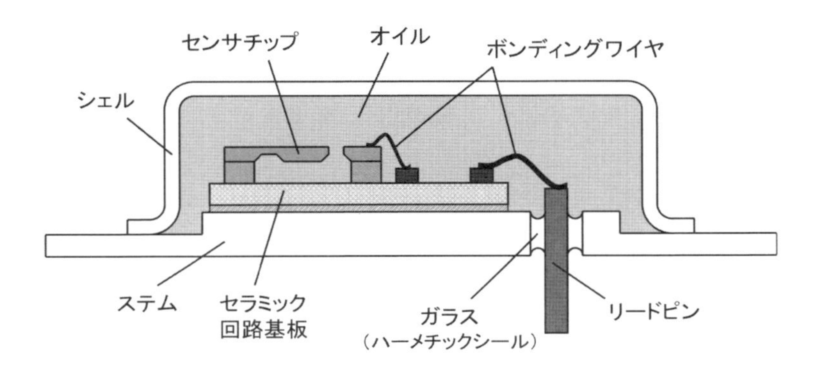

図3-2-2 初期のピエゾ抵抗式加速度センサの構造

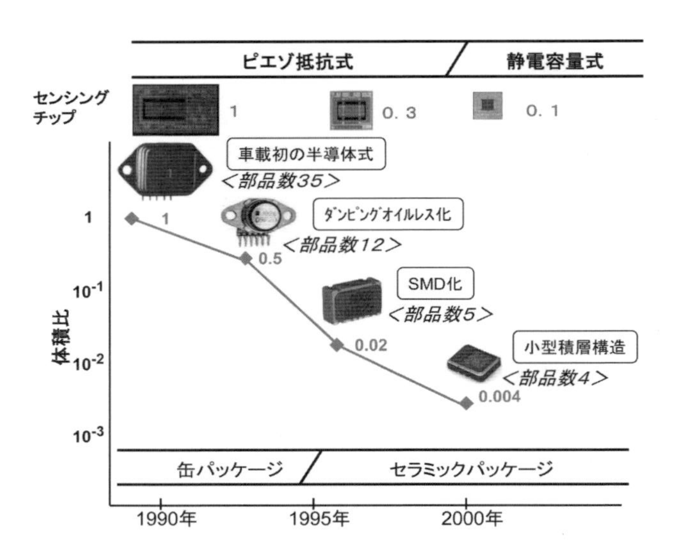

図3-2-3 半導体式加速度センサの小型化の推移

で約250分の1に小型化されています。ちなみに、センサの価格も大きさと同様に、この間にほぼ2桁の低下をしています。

このような半導体式加速度センサの急速な進化は、自動車の安全制御システムの進化が牽引力となってもたらされたものですが、それと同時に、センサの進化がシステムの進化を促した面もあり、両者が相まってまさに加速度的な進化を遂げてきたと言えます。

半導体式の加速度センサの新しい方式として、熱検知式と呼ばれるものがあります。図3-2-4に、そのセンシングチップの構造を示します。シリコンのマイクロマシニング加工技術により、薄膜構造を形成し、その薄膜上中央部にヒータ（例えば、多結晶シリコンの抵抗）、周辺部に感温素子（例えば、Alと多結晶シリコンによるサーモパイル）が配置されています。感温素子は、X軸およびY軸の対称の位置に配置されており、X軸とY軸の2軸の加速度が検出できます。ヒータと感温素子との間は、薄膜がくり抜かれて、熱的に高い絶縁性を持たせています。

加速度の検出原理を図3-2-5に示します。キャップで封止されたセ

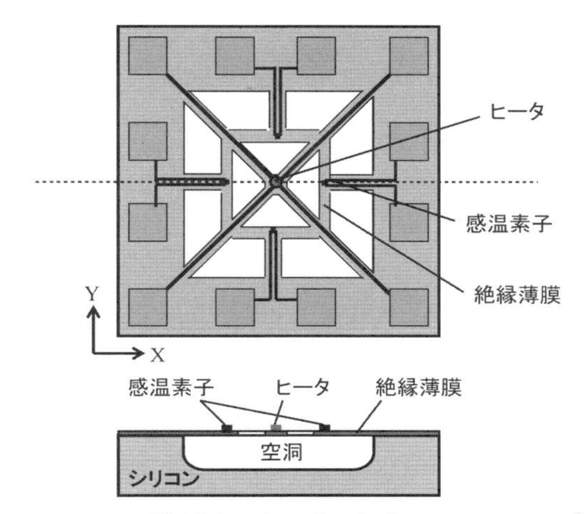

図3-2-4 熱検知式の加速度センサチップ

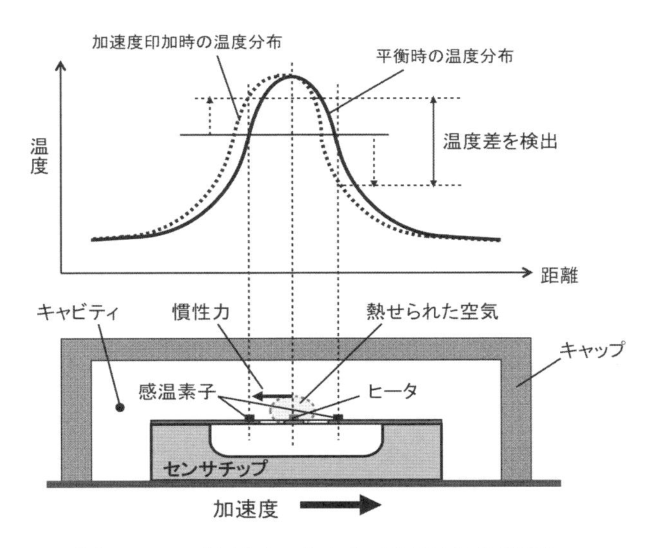

図3-2-5 熱検知式の加速度検出原理

ンサチップ内の空間は、中央部がヒータで加熱されているため、図中の実線で示すような対称的な温度分布となっています。ここに加速度が印加されると、空気に慣性力が働いて移動するため、温度分布の対称性が、図中の破線のように崩れ、この温度変化を周囲に配置された感温素子で検出するものです。

この方式の特徴は、加速度で変位するのが空気であり、機械的な可動部を持たない構造のため、耐衝撃性に優れています。その反面、空気の粘性や熱伝達時間の影響などで相対的に応答性が低く、また、ヒータの消費電流が大きいというのが課題と思われます。車載用としては、主にロールオーバー(車体の横転)の検出用から採用が始まっています。

3-3 ピエゾ抵抗式の加速度センサ

3-3-1 センサデバイスの構造と加速度検出原理

ピエゾ抵抗式加速度センサのセンサデバイスの一例を図3-3-1に示します。センサデバイスは、シリコンチップの中央部におもりとなる部分があり、そのおもりを支える4本の薄い梁が、周辺のフレームとつながっています。おもりとフレームの間は、梁の部分を除いてくり抜かれています。4本の梁には、それぞれゲージ抵抗が一つずつ配置されています。このうちの対角の位置にある2本が、図中に示す

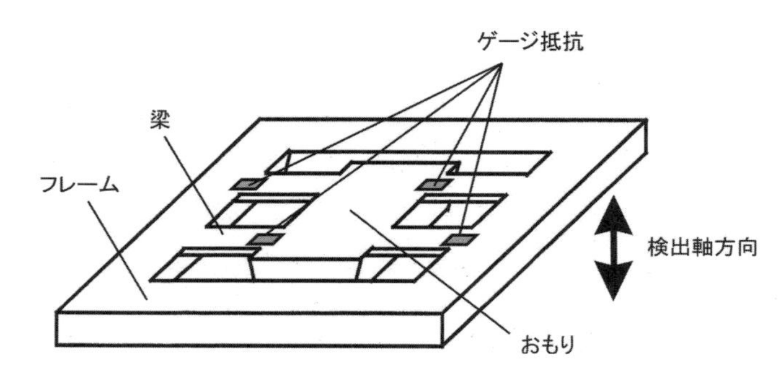

図3-3-1 ピエゾ抵抗式加速度センサのデバイス構造

ように、おもり側に配置され、他の対角を成す残り２本は、フレーム側に配置されています。

このセンサデバイスにおいて、加速度の検出軸は、デバイス面に対して鉛直方向になります。図 3-3-2（a）の断面図に示すように、センサデバイスの鉛直方向の上向きに加速度αが加わると、おもりの部分には下向きに慣性力が働きます。この慣性力Ｆは、おもり部分の質量をｍとすれば、Ｆ＝ｍ・αとなります。この慣性力でおもりは下方向に変位して梁がたわみ、梁によるばね力とつり合います。この時、梁表面のおもり側には圧縮応力が発生し、フレーム側には引張応力が発生します。この応力によって、おもり側に配置されたゲージ抵抗は圧縮応力で抵抗値が減少し、フレーム側に配置されたゲージ抵抗は引張応力で抵抗値が増加します。この抵抗値の変化率は発生した応力に比例し、その応力は慣性力、すなわち加速度に比例して変化します。従って、圧力センサと同様に、４本のゲージ抵抗を図 3-3-2（b）のようにブリッジ接続すれば、加速度に比例した出力電圧が、ブリッジ間の電圧差として得られます。

梁に発生する応力は、梁の形状ファクタによって当然変化します。梁の厚さをｔ、幅をＷ、長さをＬとすれば、おもり部との寸法関係も

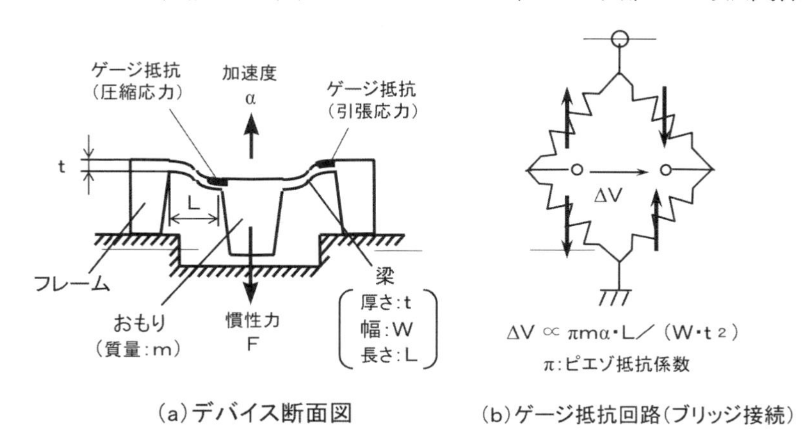

（a）デバイス断面図　　（b）ゲージ抵抗回路（ブリッジ接続）

図3-3-2　ピエゾ抵抗式の加速度検出原理

当然影響しますが、発生応力σとは概ね次のような関係になります。

$\sigma \propto m\alpha \cdot L / (W \cdot t^2)$

従って、ブリッジ間の電圧差ΔVは、ピエゾ抵抗係数をπとすれば、

$\Delta V \propto \pi\sigma \propto \pi m\alpha \cdot L / (W \cdot t^2)$

となります。すなわち、加速度に対する感度は、梁の厚みを薄く、幅を細く、長さを長くするほど、高くなります。しかし、これらのことはいずれも、梁の強度を弱めることになるとともに、他軸感度が高くなるため、適切な梁の形状設計が必要です。他軸感度というのは、検出軸以外の方向の加速度に対する感度のことで、このデバイスでは、デバイス面と平行な方向の加速度に対する感度になります。つまり、梁が薄く、細く、長くなるほど、デバイス面と平行な方向の加速度に対しても、梁がたわみ易くなるために、その応力によって出力が発生してしまうわけです。特に、梁の厚さは、加速度感度や梁強度への影響が大きいため、センサデバイスの製造工程においても精密な制御が必要です。

3-3-2 センサデバイスの製造技術

ピエゾ抵抗式の加速度センサデバイスの製造工程フローを図3-3-3に示します。この製造工程は、通常のICプロセスを用いて表面にゲージ抵抗、電極、保護膜を形成し、裏面からの異方性エッチングを用いてダイアフラム部を形成する点では、圧力センサデバイスと同様です。

圧力センサデバイスと異なる点は、中央部におもりを形成するため、裏面からのダイアフラムエッチングをリング状に行う点と、おもりとフレームの間のダイアフラム部を梁となる部分だけを残してくり抜くために、ダイアフラムエッチング後に表面からもシリコンをエッチングする点です。表面からのシリコンエッチングは、PIQをマスク材として、寸法精度の良いドライエッチングで、梁の幅と長さを精度良く得ます。また、梁の厚みは5～7μmと極めて薄く、かつ精密に制御する必要があるため、ダイアフラムエッチングに電気化学ストップエッチングと呼ばれる方法を用いています。

電気化学ストップエッチングは、シリコンウェハに正電圧を印加す

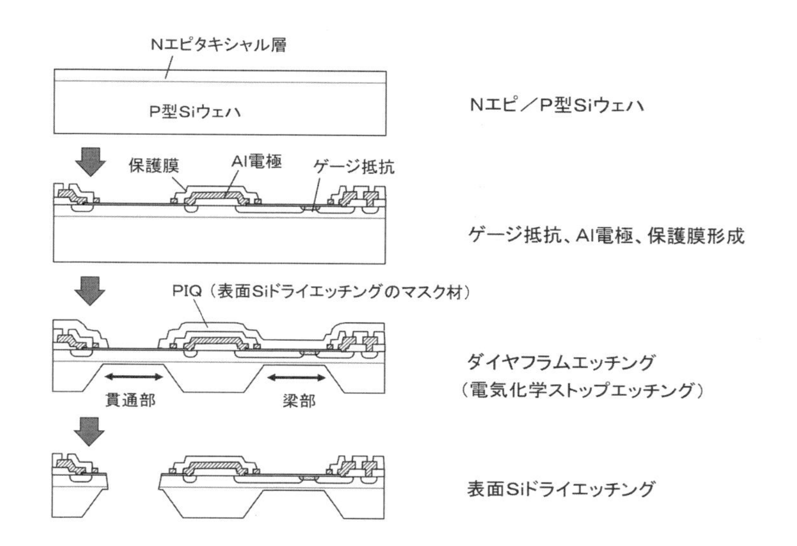

図3-3-3 ピエゾ抵抗式加速度センサデバイスの製造工程フロー

ることにより、エッチング速度が大きく低下することを利用するものです。図3-3-4に示すように、シリコンへの印加電圧が約0.5Vを超えると、エッチング液のKOHによるエッチング速度は、100分の1以下になります。これは、正電圧の印加により陽極酸化と呼ばれる原

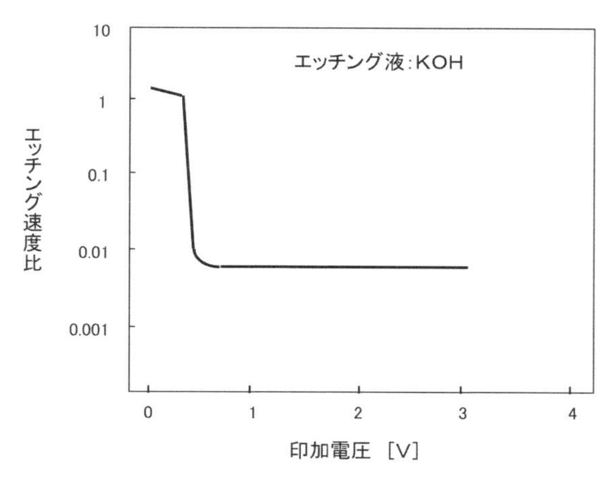

図3-3-4 印加電圧によるエッチング速度の変化

理でシリコンウェハの表面に酸化膜が形成され、このシリコン酸化膜のKOHによるエッチング速度が、シリコンの100分の1以下であるためです。

この性質を利用した電気化学ストップエッチングの概要を図3-3-5に示します。シリコンウェハには、P型ウェハをベースにN型のエピタキシャル層を形成したウェハを使用します。このウェハのN型側に数Vの正電圧（Vn）を印加してエッチングを行います。この時、ウェハのPN接合部には逆バイアスがかかることになるため、P型側の電位はエッチング液と同じほぼ0Vで、KOHのエッチング液による異方性エッチングが進行します。P型部分のエッチングが進み、PN接合付近に達すると、エッチング面がエッチング液に対して正電位となり、陽極酸化反応が始まります。これによって、エッチング面にシリコン酸化膜が形成されるため、エッチング速度が大幅に低下して、エッチングがほとんど停止することになります。シリコンの残り厚は、N型

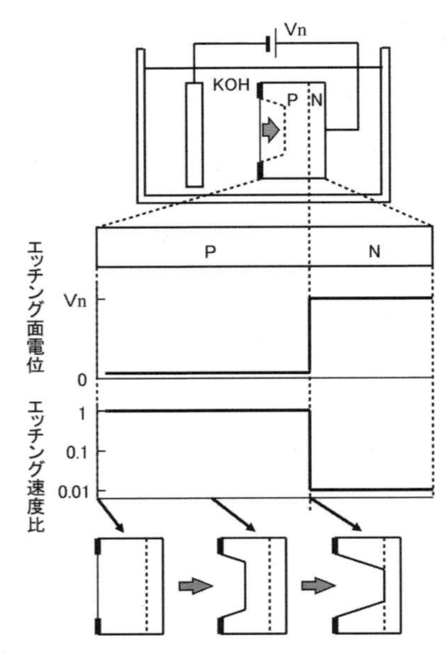

図3-3-5 電気化学ストップエッチングの概要

エピタキシャル層の厚みと逆バイアスによってP型側に延びる空乏層の厚さとの和となるため、その厚みばらつきは、N型エピタキシャル層の形成精度でほぼ決まり、±1μm以下にすることができます。

このエッチングの終点は、シリコンウェハとエッチング液の間に流れる電流変化を監視することによって、容易に知ることができます。図3-3-6に示すように、P型部分のエッチング時には、PN接合部に逆バイアスがかかっているため、電流はほとんど流れません。PN接合近傍までエッチングが進行し、P型側に延びる空乏層に達すると、N型側とエッチング面が導通するため、電流が急激に流れ始め、エッチング面の陽極酸化が始まります。陽極酸化による酸化膜の生成とその酸化膜の極めて遅いエッチングが平衡状態に達すると、電流は再び一定となります。

なお、この電気化学ストップエッチングは、圧力センサのダイアフラムエッチングでも使用されています。特に、タンク内圧センサなど低圧センサでは、ダイアフラム厚が10数μmと薄く、その厚みばらつきを精度良く制御する必要があるため、電気化学ストップエッチングが適用されます。

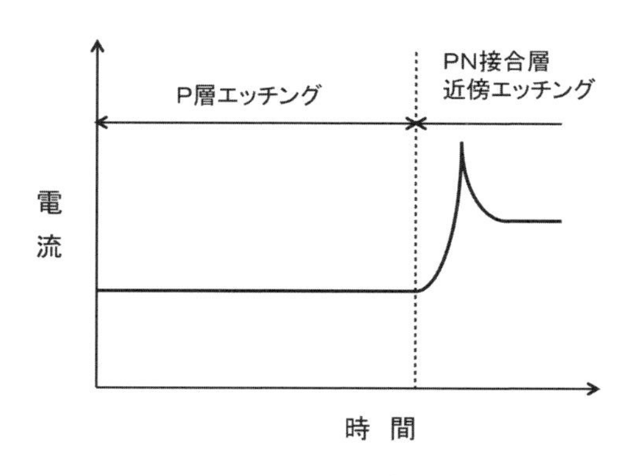

図3-3-6　電気化学ストップエッチング時の電流挙動

3-4　静電容量式の加速度センサ

静電容量式の加速度センサには、バルク容量式と呼ばれるタイプと、サーフェス容量式と呼ばれるタイプのセンサがあります。バルク容量式のセンサデバイスは、図3-4-1に示すような構造をしており、中央部のおもりを薄く加工した梁で支えるという点で、ピエゾ抵抗式と類似した部分があります。加速度の検出軸もピエゾ抵抗式と同様にデバイス面に対して鉛直方向になります。可動部を上下両側からシリコンで挟み込み、加速度によるおもりの変位を、おもりの可動電極と上下のシリコンの固定電極との間の静電容量の変化として検出します。

バルク容量式のセンサデバイスは、上下が対称の構造になっているため、温度変化による構造体の変形に起因する誤差が小さく、高精度が得られ易いという特長があります。このため、バルク容量式の加速度センサは、車両制御用の低Gセンサの分野でかなり用いられていますが、量産性とひいてはコストの面でサーフェス容量式のほうが優れており、加速度センサ全体で見ると、サーフェス容量式のほうが主流となっています。そこで、静電容量式の技術については、サーフェス容量式について以下に詳しく述べます。

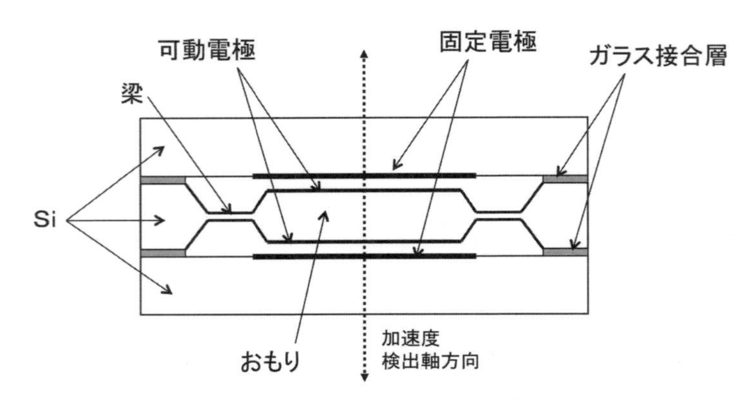

図3-4-1　バルク容量式のセンサデバイス構造

3-4-1　サーフェス容量式のデバイス構造と検出原理

サーフェス容量式のセンサデバイス構造の一例を図 3-4-2 に示します。シリコンの支持基板の上に、素子が形成される同じくシリコンの素子形成基板が、シリコン酸化膜を介して接合されています。支持基板の厚さは約 400 μ m、酸化膜の厚さは約 2 μ m で、素子形成部は 20 μ m 程度の厚さです。その素子形成基板部に作られた可動部は、中央部におもりとなる部分があり、そのおもりの両翼に櫛歯状の電極が形成され、これがおもりと一体になって動く可動電極になります。可動電極に対向して約 3 μ m の間隔で、同じく櫛歯状の固定電極が、周辺の固定部から延びています。可動部の両端は、ばねの役割をする梁で支えられ、その梁が、アンカー部分でシリコン酸化膜を介して支持基板に固定されています。おもりと梁、および櫛歯状の可動電極と固定電極の下部領域は、接合用のシリコン酸化膜が除去され、支持基板からは約2 μ m の間隔で浮いた状態になっています。この構造で、図示の加速度検出方向に加速度が加わると、可動部が変位して、可動電極と固定電極との間の静電容量の変化で加速度を検出するわけです。

この加速度検出原理の模式図を図 3-4-3 に示します。可動電極と固

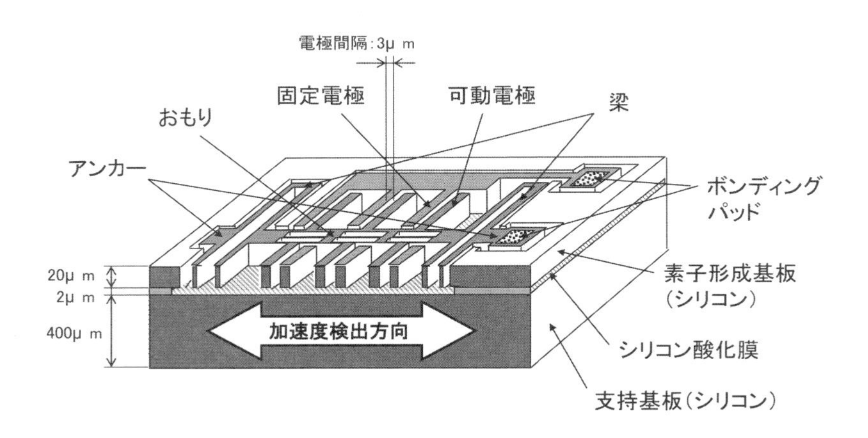

図3-4-2　サーフェス容量式のセンサデバイス構造

＜加速度印加無＞

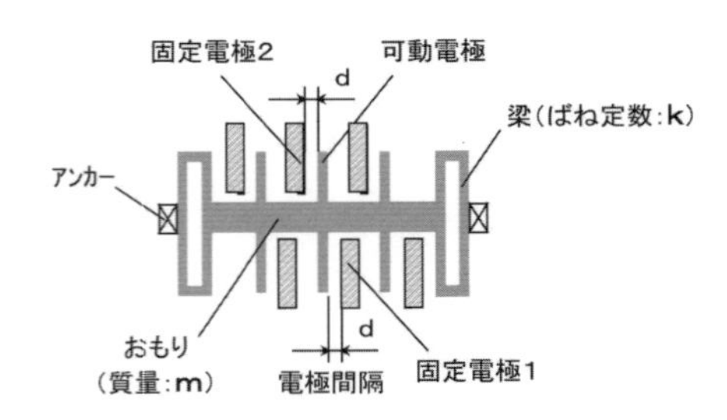

初期容量：$C1 = C2 = C_0 = \varepsilon S / d$
(S：電極対向面積、ε：誘電率、d：電極間隔)

＜加速度印加有＞

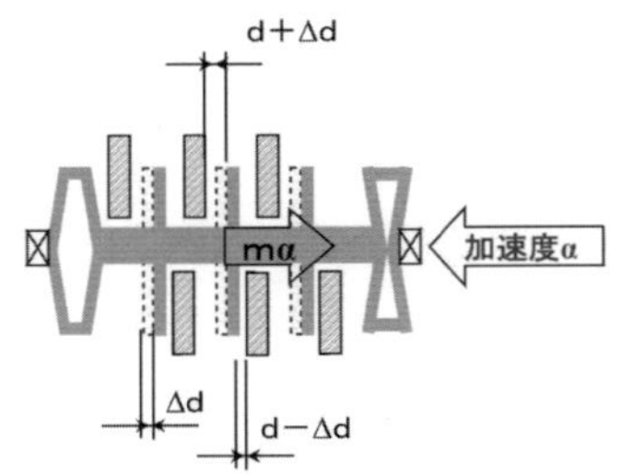

変位：$\Delta d = m\alpha / k$

容量差：$C1 - C2 \fallingdotseq 2(C_0 / d)(m / k)\alpha$

図3-4-3 サーフェス容量式の加速度検出原理

定電極1との静電容量をC1、可動電極と固定電極2との静電容量をC2とし、両者の電極対向面積はともに等しくSとします。加速度が印加されない時は、可動電極と固定電極1および固定電極2とのそれぞれの電極間隔は等しく、これをdとすれば、

$$C1 = C2 = C_0 = \varepsilon \cdot S / d \quad \cdots (3\text{-}1)$$

となり、C_0を初期容量と呼びます。なおここで、εは電極間の空間の誘電率です。

これに対して、加速度αが図示のように左方向に印加されると、おもりは慣性力で右方向に変位して、定常状態では梁のばね力と釣り合います。従って、このときの変位量Δdは、可動電極を含むおもりの質量をm、梁のばね定数をkとすれば、

$$\Delta d = m\alpha / k \quad \cdots (3\text{-}2)$$

となります。これによって、可動電極と固定電極1との間隔はd−Δdとなって静電容量C1は、

$$C1 = \varepsilon S / (d - \Delta d)$$

に増加し、逆に可動電極と固定電極2との間隔はd+Δdとなって静電容量C2は、

$$C2 = \varepsilon S / (d + \Delta d)$$

に減少します。つまり、C1 と C2 は差動対を成しているわけです。この両者の静電容量差 C1 − C2 は、

$$C1 - C2 = \varepsilon S\{1/(d - \Delta d) - 1/(d + \Delta d)\}$$
$$= 2\varepsilon S \Delta d/(d^2 - \Delta d^2)$$

と計算され、$d2 \gg \Delta d^2$ であれば、

$$C1 - C2 \fallingdotseq 2\varepsilon S \Delta d / d^2$$

となります。これに（3-1）式と（3-2）式を代入すれば、

$$C1 - C2 \fallingdotseq 2 (C_0/d)(m/k)\alpha \quad \cdots (3\text{-}3)$$

が得られます。(3-3) 式は、容量差が加速度 α にほぼ比例して得られるということと、その加速度感度が、初期容量 C_0 と可動部の質量 m に比例し、電極間隔 d とばね定数 k に反比例するということを示しています。

なお、ここまでの説明は、一定の加速度の印加で可動部が変位して、梁のばね力と釣り合ったところで静止している状態について述べたものです。また、電極間に働く静電引力を考慮していません。容量式加速度センサの可動部のモデルは、図 3-4-4 のように表され、過渡状態も含めて可動部の変位 Δ d を正確に求めるには、以下の運動方程式

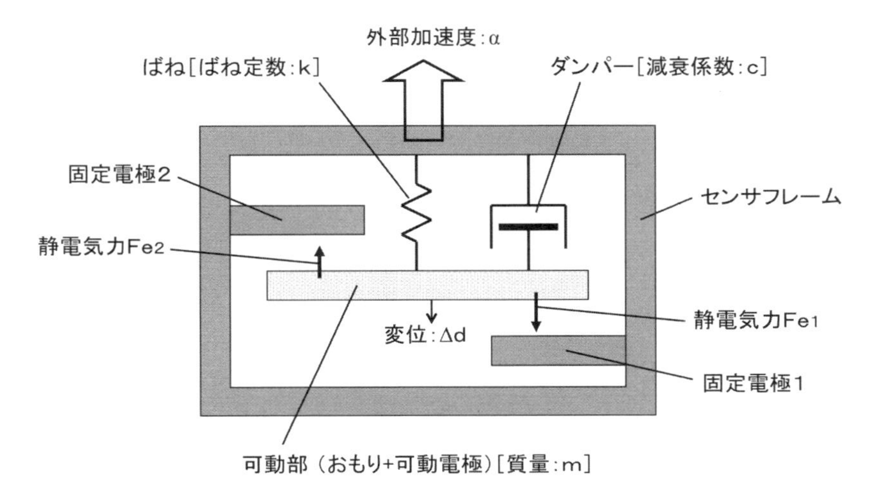

図3-4-4 容量式加速度センサのモデル

に従って算出することが必要です。

$$m(\Delta^2 d / \Delta t^2) + c(\Delta d / \Delta t) + k\Delta d = m\alpha + \Sigma Fe \quad \cdots (3\text{-}4)$$

ここで、c は減衰係数、Σ Fe は固定電極との静電気力の総和です。なお、電極間に働く静電気力 Fe は、例えば固定電極 1 とは、電位差が V であれば、電荷 :$Q = \varepsilon SV / (d - \Delta d)$、電界 :$E = V / (d - \Delta d)$ ですから、$Fe = QE = \varepsilon SV^2 / (d - \Delta d)^2$ となります。

また、(3-4) 式の左辺の第 2 項は、可動部の変位速度に比例するダンピング力（減衰力）ですが、サーフェス容量式の場合、デバイス構造のところで述べたように、電極間隔が約 3 μ m で、電極下部の支持基板との間隔も約 2 μ m と非常に狭いため、空気の粘性が大きく影響して、その圧縮およびせん断によるダンピング力は、意外に大きいものがあります。従って、センサデバイスの構造設計において、このダンピング効果を具体的に解析するための手段であるダンピングシミュレーションの技術が非常に重要です。

3-4-2 サーフェス容量式のデバイス製造技術

サーフェス容量式のセンサデバイスの製造プロセスでは、2 つの特徴ある加工技術を使用します。ひとつは、高いアスペクト比（深さ／幅）でシリコンに溝を掘る垂直トレンチエッチングで、もうひとつが犠牲層エッチングです。犠牲層エッチングというのは、成膜の繰り返しや接合によって積層構造を形成した後、その下層部をエッチングで除去することによって、上層の構造体の下を中空にする加工技術で、可動体を形成したり、熱絶縁性の良い薄膜構造などを形成したりすることができます。犠牲層エッチングの模式図を図 3-4-5 に示します。エッチングで除去される下層部を犠牲層と呼びます。犠牲層をエッチングする前に、構造体となる上層部をフォトエッチングなどによって、あらかじめ様々な形に加工できますので、複雑な形状の可動体や薄膜構造を比較的容易に形成することができます。

図 3-4-6 に示すのが、サーフェス容量式の加速度センサデバイ

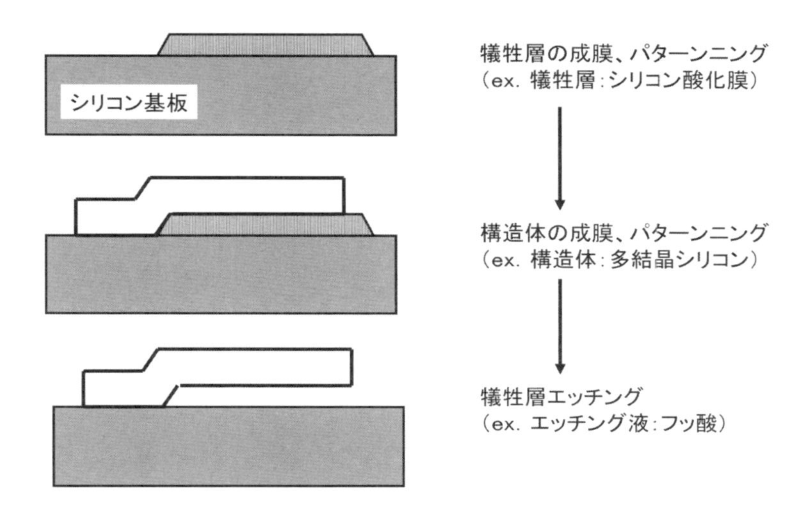

図3-4-5　犠牲層エッチング

スの製造工程フローです。原材料のウェハはSOI（Silicon On Insulator）と呼ばれるウェハで、単結晶のシリコンウェハ同士をシリコン酸化膜を介して貼り合わせたものや、酸化膜を形成したシリコン基板上に多結晶シリコンをエピタキシャル成長させたウェハが使われます。支持基板となる下部のシリコン基板の厚みは、ウェハ口径によって異なりますが、400～600μm程度で、埋め込みの酸化膜は2μm程度、センサ素子が形成される上部のシリコンは15～25μmの厚みのものが多く使われます。

SOIウェハに配線となる電極を形成した後、おもり部分や櫛歯電極、梁などを形成するため、垂直トレンチエッチングを行います。この垂直トレンチエッチングは、ICP（Inductively Coupled Plasma）と呼ばれる方式のドライエッチング装置を用いて、エッチングによる溝掘りと溝側壁の保護膜形成を数秒単位で交互に切り替えるという方法

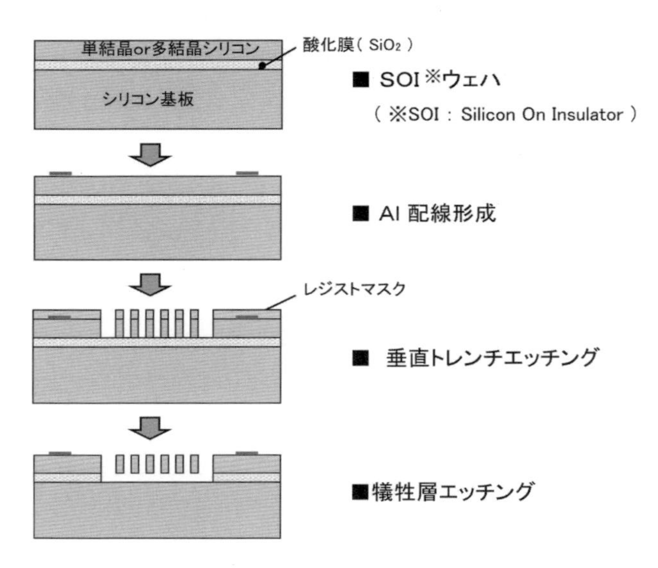

図3-4-6 サーフェス容量式センサデバイスの製造工程フロー

です。この方法は、DRIE（Deep Reactive Ion Etching）とも呼ばれ、幅が2～3μmで、深さが15～25μmという高アスペクト比の溝を形成できます。

図3-4-7にその概要を示します。エッチング時には、エッチングガスをプラズマでイオン化して、電界印加によりエッチングイオンをウェハに対して垂直に引き込んで、深さ方向にエッチングします。このエッチングは、底部でのエッチングイオンの反射などにより、横（側壁）方向へも多少エッチングは進行しますが、短時間でエッチングを終えることにより、わずかな量にとどめられます。次に、保護膜形成用のガスに切り換え、側壁に保護膜を形成します。この保護膜は、溝の側壁だけでなく底部にも成膜されますが、エッチング時には、エッチングイオンが垂直に入射してくるため、溝の底部に成膜された保護膜が先に除去されて、深さ方向へのエッチングが進行します。この2つのステップを細かく繰り返すことで、横方向へのエッチングが最小

郵便はがき

切手を貼って
ください。

3 0 0 2 6 2 2

（受取人）
つくば市要443－14研究学園

科学情報出版(株)
読者係 行

申込者名	（フリガナ）	年令	
	様		才
勤務先			
所属			
住所	（フリガナ） □□□-□□□□ ☎ （ ） Eメール		

＜該当する項目に必ず○印をおつけください＞

業　種　1. 電機　2. 電子　3. 原子力　4. 電力　5. 商社　6. 情報処理　7. 運輸　8. 自動車　9. 航空
10. 金融　11. 宇宙産業　12. 官公庁　13. 研究所　14. 大学（高専）　15. 専門学校　16. 図書館
17. 業界団体　18. 精密機器　19. 医用機器　20. その他

職　種　1. 経営者・役員　2. 回路関係　3. 設計関係　4. 品質管理・検品　5. 営業　6. メンテナンス
7. キーパンチャー　8. 学生　9. EMC対策専門技術者　10. その他技術者
11. その他（　　　　　　　　　　　　）

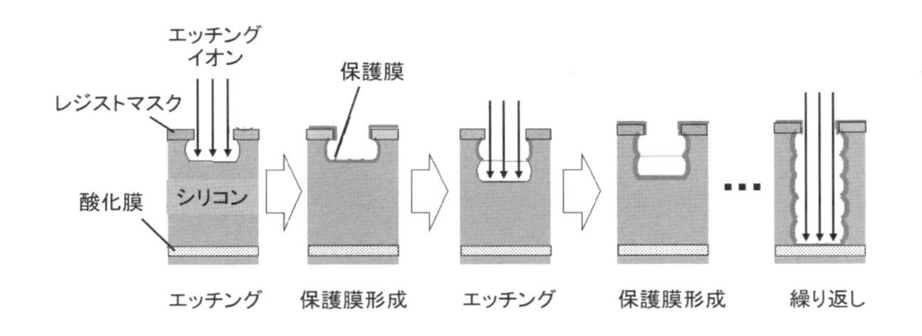

図3-4-7 垂直トレンチエッチングの概要

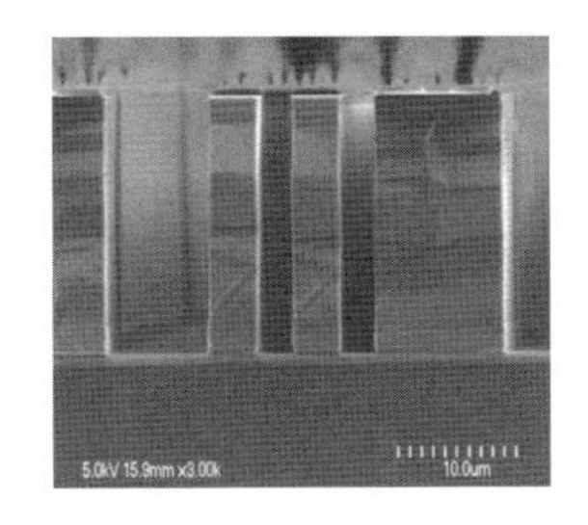

(a) 断面写真

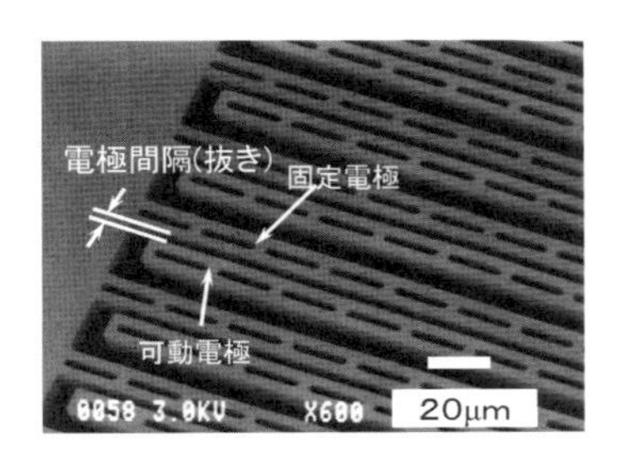

(b) 櫛歯電極部

図3-4-8 垂直トレンチエッチングによる構造体

限に抑制され、垂直にエッチングを行うことができます。垂直トレンチエッチングの断面SEM写真を図3-4-8の(a)に、その加工例として、櫛歯電極部のSEM写真を同図の（b）に示します。

垂直トレンチエッチングでアスペクト比の高い加工ができればできるほど、センサデバイスの初期容量を大きくすることができ、(3-3)式で示したように、センサの感度を高めることができます。このため、アスペクト比の向上を目指して、多くの開発がなされています。その一例を図3-4-9に示します。この方法は、従来のDRIEプロセスの途中に、O_2プラズマ照射によるSiO_2膜を形成するプロセスを挿入

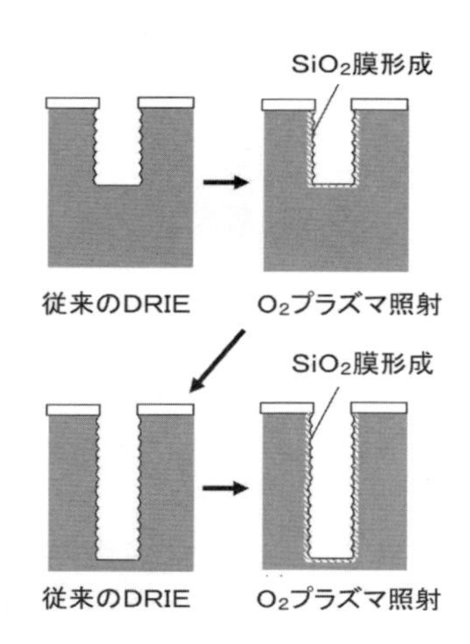

図3-4-9 アスペクト比を高める新DRIEプロセス

し、DRIEによるエッチングとSiO_2の保護膜形成を繰り返すものです。側壁面上は、DRIE工程による保護膜に加えて、SiO_2膜による保護が強化されるため、エッチングの異方性が向上し、50近くのアスペクト比を達成することができます。そのトレンチエッチングの断面写真を従来のDRIEと比較して、図3-4-10に示します。

垂直トレンチエッチングで埋め込み酸化膜まで到達する溝を形成した後は、図3-4-11に示すように、フッ酸ガスで埋め込み酸化膜をエッチングして、可動部となるおもりや櫛歯電極、梁などの構造体を支持基板からリリースします。この場合、埋め込み酸化膜が犠牲層になっているわけです。犠牲層エッチングにおいて最も留意すべきことは、スティッキングと呼ばれる構造体同士の貼り付き現象です。構造体同士の間隔は、ほんの数μmという狭い隙間しかないため、この間に僅かな水滴が存在しただけでも簡単に貼り付いてしまいます。フッ酸ガスによるリリースの場合、エッチングの反応式は、

$$SiO_2 + 4HF \rightarrow SiF_4 \uparrow + 2H_2O \uparrow \quad \cdots (3\text{-}5)$$

であり、水蒸気が発生します。このため、リリースプロセスにおいては、エッチング過程で発生する水蒸気が、構造体間の隙間で水滴にならないような温度管理や様々な工夫が必要です。

	従来DRIE	新DRIE
断面写真	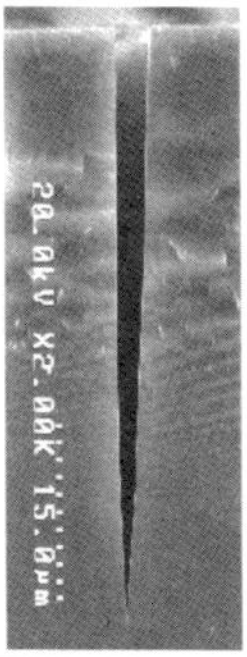 20.0kV X2.00K 15.0μm	 20.0kV X2.00K 15.0μm
深さ	51.2 μm	50.6 μm
幅	2.21 μm	1.10 μm
アスペクト比	23	46

図3-4-10 新DRIEによるエッチング断面

反応式 : $SiO_2 + 4HF \rightarrow SiF_4 \uparrow + 2H_2O \uparrow$

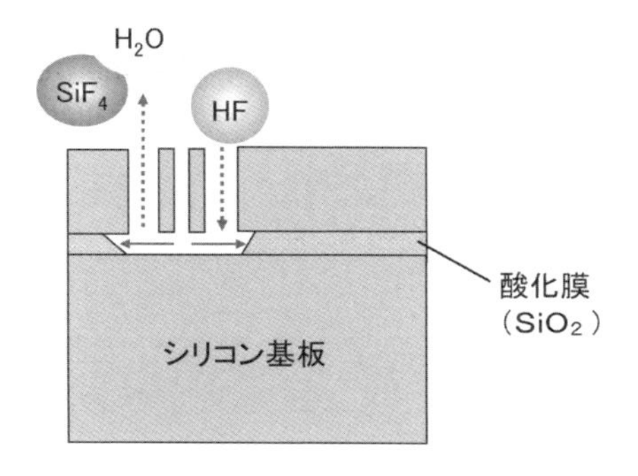

図3-4-11 フッ酸ガスによるリリース

3-4-3 サーフェス容量式の回路技術

サーフェス容量式加速度センサの信号処理回路のブロック図を図3-4-12に示します。加速度によるセンサデバイスの容量変化は、まずC-V変換回路部で電圧信号に変換されます。この電圧信号から必要な周波数帯の信号（概ね1kHz以下）のみを取り出すために、ローパスフィルタ（LPF）回路を通して、得られた電圧信号をアンプ回路部で必要な出力感度に増幅します。このほかに、センサデバイスと回路の動作を診断して内部故障の有無を判断するために自己診断機能を内蔵しており、またEPROMには、センサ出力の感度・オフセット・自己診断量およびLPFのカットオフ周波数を調整するデータが格納されています。この中からC-V変換回路と自己診断について、以下に詳しく説明します。

① C-V変換回路

3-4-1項で示したように、センサデバイスの可動電極と固定電極の間で形成される容量が差動対を成して、その容量差が加速度に比例して得られます。C-V変換回路ではこの容量差を電圧に変換するわけですが、その容量値は極めて微小なものです。例えば、エアバッグ用の前突センサでいえば、可動電極と固定電極の間で形成される初期容

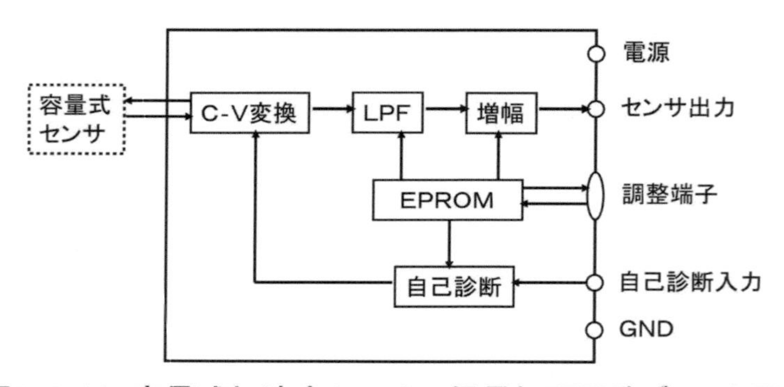

図3-4-12 容量式加速度センサの信号処理回路ブロック図

量の値は0.5 pF程度で、加速度印加による可動電極の変位量はnmオーダーであり、この時の容量変化量はfF（フェムトファラッド＝10^{-15}ファラッド）のオーダーに過ぎません。

一方これに対して、可動電極および固定電極から電気信号を取り出すために、各電極からそれぞれのボンディングパッドまでの配線がありますが、この配線には、センサデバイスの構造上どうしても寄生容量が存在します。そして、この寄生容量は、差動検出容量の10倍以上のオーダーにもなります。従って、C-V変換回路には、寄生容量の影響を受けずに差動対の容量差を検出する工夫が必要です。

その一例として、スイッチドキャパシタと呼ばれる回路方式を用いたC-V変換回路があります。スイッチドキャパシタ方式のC-V変換回路の模式図を図3-4-13に示します。この図において、可動電極と固定電極の配線によって生じる寄生容量を、便宜的にすべて集中定数のCeで表しています。

この回路において、固定電極1および2には、振幅が0～5Vで互いに逆相となる矩形波がそれぞれ印加されます。これらの矩形波を搬送波1および搬送波2と呼びます。一方、可動電極には、スイッチドキャ

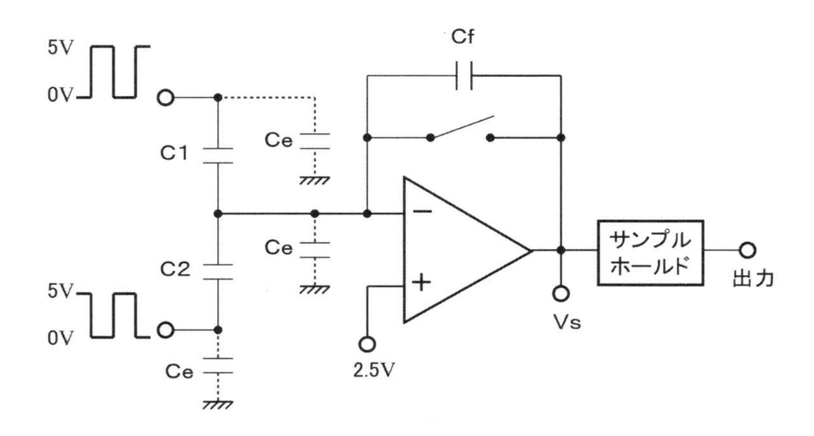

図3-4-13　スイッチドキャパシタ方式のC-V変換回路

パシタ回路のオペアンプの働きにより、2.5V の定電圧が印加されるようになっています。これにより、可動電極と固定電極 1 の間で形成される容量 C1 と、可動電極と固定電極 2 の間で形成される容量 C2 には、搬送波の位相によって極性は切り換わりますが、常に 2.5V の電圧差が与えられることになります。このため C1 および C2 には、搬送波の切り換え直後の過渡状態を除けば、寄生容量の影響を受けずに、常にその容量に比例した電荷が蓄えられることがわかります。

従って、C1 および C2 に蓄えられた電荷量の差を取り出すことができれば、差動対をなす C1 と C2 の容量差が検出できることになり、(3-3) 式で示したように、加速度が検出できます。この電荷量差の取り出しの仕組みを、図 3-4-14 に示した C-V 変換回路のタイミングチャートに従って説明します。なお、ここでの説明は、センサデバイスに加速度が加わり、C1>C2 の状態になっている（ちょうど図 3-4-3 の右側の状態に相当する）ものとします。

タイミングチャートは、図に示したように、1 リセット→ 2 サンプルホード 1 → 3 搬送波切り換え→ 4 サンプルホールド 2 の 4 つの状態に分けられ、これらが約 10 μ S の間隔で、繰り返し行われます。

まず、状態 1 のリセット期間では、図 3-4-15 に示すように、スイッチドキャパシタ回路のスイッチを ON することで、帰還容量 Cf の電荷を 0 に、オペアンプの出力 Vs を 2.5V にリセットします。この時、固定電極 1 は 5V、固定電極 2 は 0V の電圧が印加されており、2.5V の電圧が印加された可動電極には、

$Q_1 = 2.5\ (C2 - C1)$

の電荷量が存在します。この電荷量は、C1>C2 であるため、負の電荷量になります。

状態 2 のサンプルホード 1 では、図 3-4-16 に示すように、スイッチドキャパシタ回路のスイッチを OFF して、状態 1 でリセットされた基準状態での出力電圧（Vs = 2.5V）をサンプリングして記憶します。

状態 3 では、固定電極に印加される搬送波の位相が切り換わり、図 3-4-17 に示すように、固定電極 1 は 5V から 0V に、固定電極 2

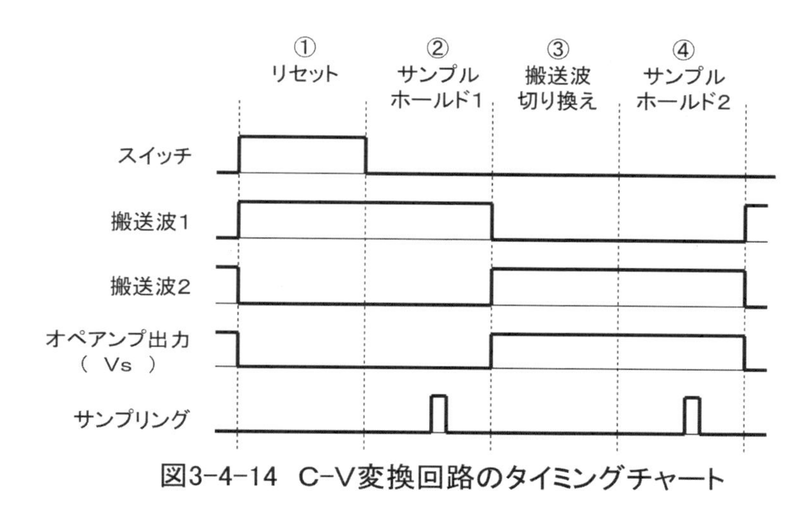

図3-4-14　C-V変換回路のタイミングチャート

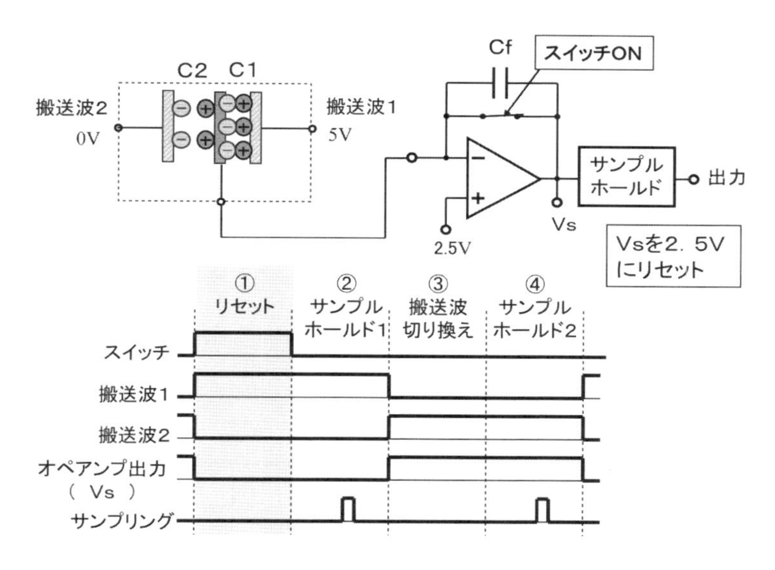

図3-4-15　C-V変換回路　①リセット

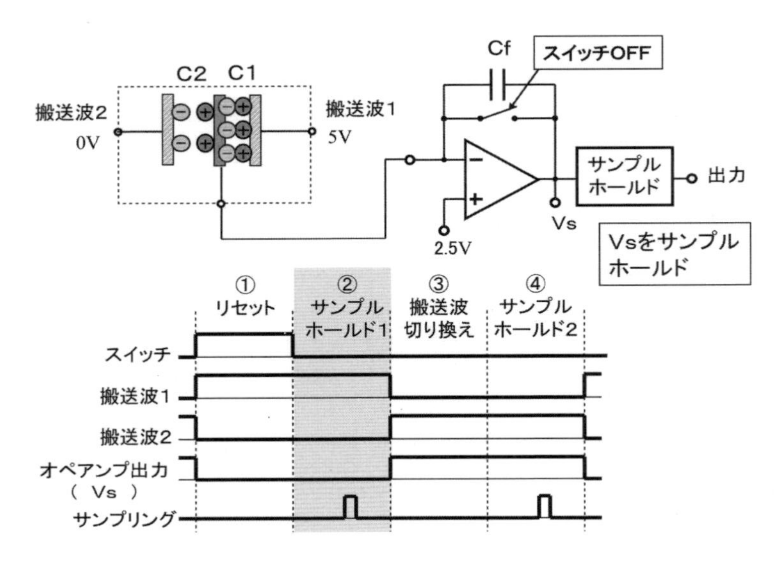

図3-4-16 C-V変換回路 ②サンプルホールド1

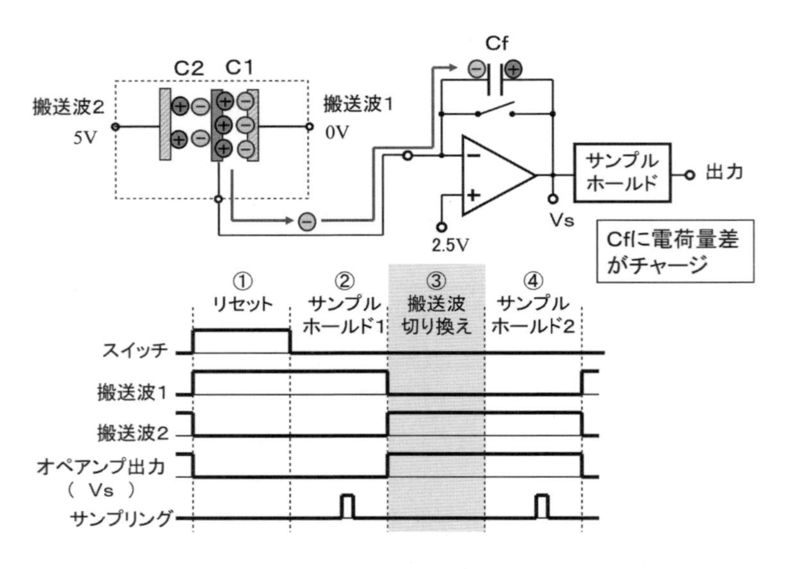

図3-4-17 C-V変換回路 ③搬送波切り換え

は0Vから5Vに電圧が反転します。この時の可動電極の電荷は、搬送波の反転によって、

$Q_2 = 2.5\ (C1 - C2)$

というように、正の電荷量になります。しかし、可動電極と帰還容量Cfの間は、閉回路であるため、状態1の時の電荷量Q_1が、総和として保存されなければならず、帰還容量Cfには、

$Q_1 - Q_2 = 5\ (C2 - C1)$

の負電荷が移動します。この電荷移動によって、Cfのオペアンプ出力側の電圧は、$-(Q_1 - Q_2) / Cf$だけ持ち上げられることになり、

$Vs = 2.5 + 5\ (C1 - C2) / Cf$

となります。

状態4のサンプルホード2では、図3-4-18に示すように、オペアンプの出力が十分に安定した状態で出力電圧（$Vs = 2.5 + 5\ (C1 - C2) / Cf$）がサンプリングされ、記憶されます。従って、出力電圧（Vout）として、状態4でのサンプリング電圧と状態2でのサンプリ

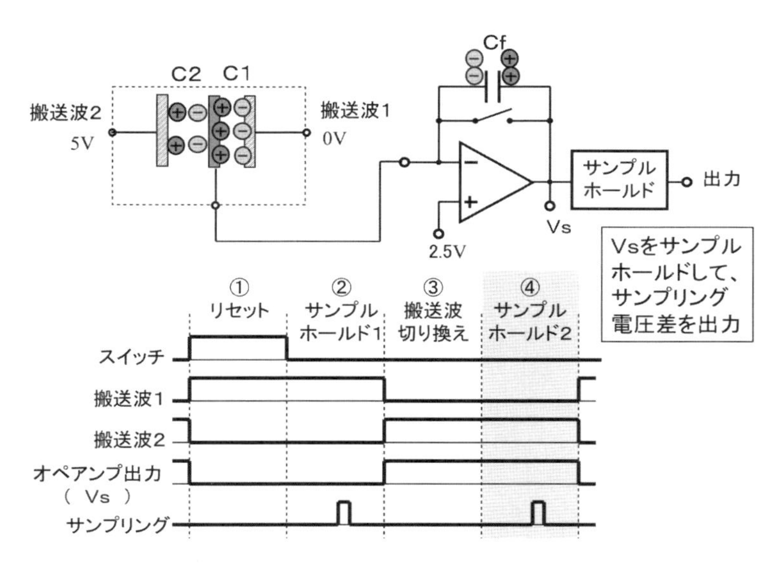

図3-4-18 C-V変換回路 ④サンプルホールド2

ング電圧の差をとれば、

Vout = 5（C1 - C2）／ Cf

となり、差動対の容量差（C1 - C2）に比例し、帰還容量 Cf に反比例した出力が得られます。また、このようにサンプリング電圧の差をとることによって、サンプルホールド回路の温度特性やオペアンプのオフセット電圧とその温度特性などをキャンセルすることができます。

②自己診断

自己診断の基本は、可動電極に不平衡な電圧を印加して、静電気力で可動電極を変位させ、その時の出力が変位に応じた出力になっていることを確認することです。具体的な自己診断の回路動作を図 3-4-19 に示します。先の C-V 変換回路において、可動電極には、例えば、2.5V よりも V αだけ高い電圧を加え、搬送波 1 は 5V、搬送波 2 は 0V に固定します。これによって可動電極は、固定電極 2 との電位差のほうが大きくなるため、静電気力の不平衡によって固定電極 2 の方へ変位し、梁のばね力と釣り合います。この定常状態から、

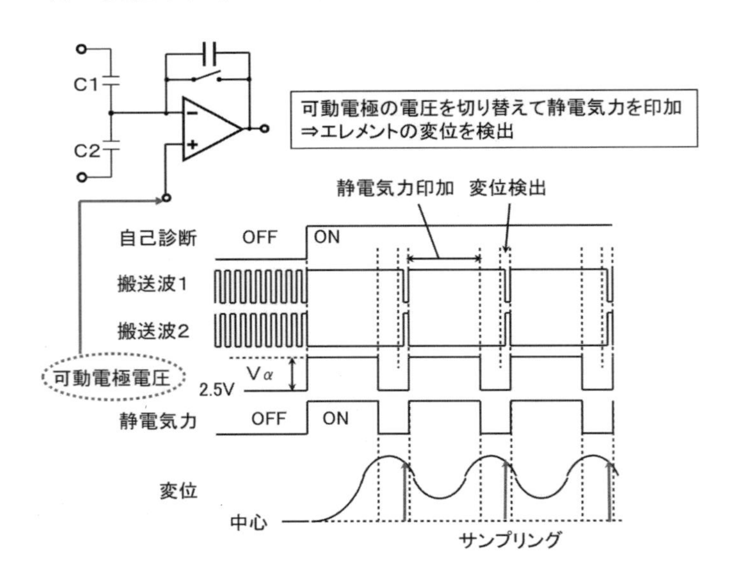

図3-4-19　自己診断の回路動作

可動電極のバイアスを2.5Vに戻して、リセット→サンプルホード1→搬送波切り換え→サンプルホールド2という一連のC-V変換動作を行えば、静電気力による変位に応じた出力が確認できます。ただし、C-V変換時には静電気力が働かないため、可動電極は中立状態に戻ろうとしますので、正確にはその過渡状態での変位を検出することになります。

3-5 加速度センサのパッケージング技術

加速度センサは、エアバッグECUなどのプリント基板に搭載されることが多く、ほとんどがSMD（Surface Mounted Device）のパッケージ形態で供給されます。SMDパッケージとしては、セラミックパッケージとエポキシ樹脂のモールドパッケージの2種類があります。これらの外観を図3-5-1の（a）と（b）に示します。

（a）セラミックパッケージ

（b）樹脂モールドパッケージ

図3-5-1 SMDパッケージの加速度センサの外観

まず、セラミックパッケージタイプの加速度センサの構造を、図3-5-2に示した例で説明します。このセンサは、サーフェス容量式のセンサデバイスと信号処理回路が別々のチップで構成されており、これらがセラミックパッケージ内に積み重ねられて接着固定されます。このチップオンチップの構造は、スタック構造とも呼ばれます。センサデバイスと信号処理回路の端子接続、および、信号処理回路とセラミックパッケージの各端子との接続は、ワイヤボンディングで接続され、最後にリッドを溶接して、内部を密閉封止します。

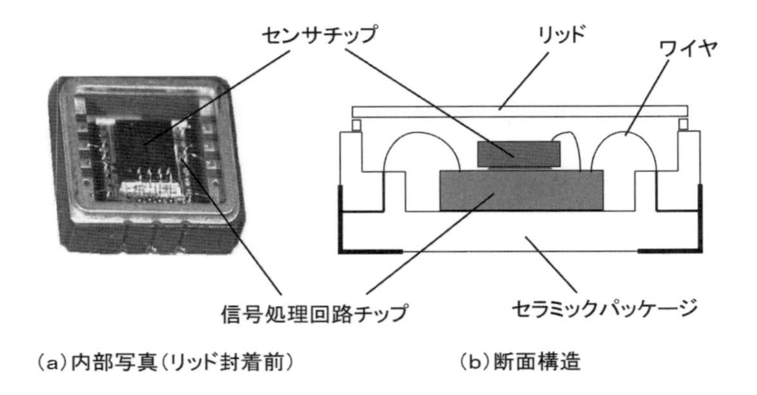

図3-5-2 セラミックパッケージタイプの構造例

一方、樹脂モールドパッケージの構造例を図3-5-3に示します。この例もセンサデバイスと信号処理回路が別々のチップで構成されています。センサデバイスには、中空構造を形成するために、予めシリコン製のキャップが低融点ガラスで接着され、これで可動部を密閉封止しています。シリコンキャップ付きのセンサチップと信号処理回路チップは、通常のマルチチップの樹脂モールド製品と同様に、リードフレーム上に平置きに並べられてダイボンドされた後、それぞれの端子がワイヤボンディングで接続されます。そして、最後に樹脂モールドの成型を行います。

ここに挙げた2つの例は、いずれもセンサデバイスと信号処理回路が別々のチップで構成された例ですが、これらが1チップに集積されたものもあります。集積化1チップの利点としては、言うまでもなく製品の小型化に向いているということですが、それに加えて、センサデバイスと信号処理回路の間の配線を最短で結ぶことができる

（a）内部写真（樹脂の一部を除去）

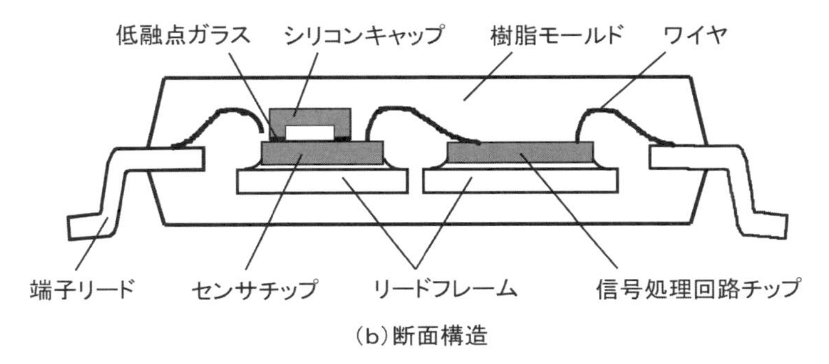

（b）断面構造

図3-5-3　樹脂モールドパッケージタイプの構造例

というのが、大きなメリットです。つまり、信号処理回路の項で述べたような配線に伴う寄生の容量をはじめ、抵抗成分やインダクタンス成分を含めた寄生インピーダンスによる検出誤差への影響を、非常に小さくすることができるというメリットがあります。

一方、２チップの最大の利点は、センサデバイスの構造および製造プロセスと信号処理回路の集積化製造プロセスを、それぞれ個別に最適化して進化させ、それらを自在に組み合わせることができるという点です。サーフェス容量式のセンサデバイスの製造プロセスと集積回路プロセスは、比較的親和性が高いところもありますが、センサデバイスと信号処理回路の性能を追求していくと、それぞれにとって最適な構造とそれを製造するプロセスは自ずと異なってきます。このため、両者を同時に最適化するためにはどうしても対立事項が生じ、それらのトレードオフの解決には長期の開発期間が必要になってしまいます。この点で、２チップのソリューションは、それぞれの中で個別に得られる最良のものを、自在に組み合わせることができるというメリットを提供できます。

このような2チップの利点に集積化1チップと同等の小型化メリットも加えたのが、図3-5-2で示したセラミックパッケージタイプのスタック構造です。これは、いわゆる3次元実装にあたるものですが、デバイスレベルでの個別最適をそのまま活かして、製品レベルでの全体最適を実現するというパッケージング技術の典型的な姿です。

ここまで加速度センサの代表的な2つのタイプのパッケージング構造を紹介しましたが、加速度センサのパッケージングには、共通するいくつかの特徴的な要素もしくは要求性能があります。それらの中で主要な点は次の5点です。

①センサデバイスの可動部を封止する中空構造の形成
②中空構造内が結露しない気密封止
③熱応力に対する応力緩和構造
④外部加速度の伝達設計
⑤プリント基板とのはんだ接続寿命

これらについて、それぞれ簡潔に説明したいと思います。

3-5-1 中空構造の形成

加速度センサデバイスは可動部を持つため、その可動部を封止する中空構造の形成が必須です。その中空構造を形成する時に最も留意しなければならない点は、異物の侵入防止です。それもセンサデバイスの構造体の隙間は2～3μmしかないため、μmオーダーの塵埃レベルの異物が、センサデバイスの不具合に結びつきます。このため、パッケージングプロセスの環境としては、高集積LSIの製造プロセスと同等のクリーン環境が必要になります。

この意味で、先に述べた2つのタイプのパッケージングは、対極をなしていると言えます。セラミックパッケージのタイプでは、パッケージングプロセスの最終段階で、リッドのシーム溶接によってはじめて可動部が封止されるため、そこに至るまでのすべてのパッケージングプロセスで使われる部材と周囲環境に、厳しいクリーン度の管理が必要です。

これに対して、樹脂モールドタイプのパッケージングでは、センサデバイスのウェハ製造プロセスで、可動部が形成された後にシリコンキャップが装着されます。このようにウェハ状態でデバイスの封止などのパッケージングを行うことを、一般にWLP（Wafer Level Package）と言います。このWLPを施すことによって、リードフレームへのチップのダイボンディングから始まるパッケージングプロセスでは、最初からキャップがついた状態のセンサチップを取り扱うため、通常の樹脂モールドパッケージの場合と同等のクリーン環境しか必要はありません。なお、シリコンキャップによる可動部の封止は、低融点ガラスの接着しろが必要なため、その分だけセンサデバイスのチップサイズが大きくなるというデメリットがあります。

3-5-2 気密封止

可動部を封止した中空構造内に結露が発生し、水滴が可動電極と固定電極の間に付着すると、水の表面張力によって電極同士が簡単に貼り付いて固着（スティッキング）してしまいます。従って、中空構造内の水蒸気濃度は、使用温度範囲内で飽和水蒸気量を超えない所定値以下に保たれなければなりません。そのためには、気密封止時の水蒸気濃度の管理と封止接合部やパッケージ部材の透湿率を極めて小さいものにすることが重要です。製品に要求される寿命（約20年）を考慮すると、パッケージの透湿率は、10^{-19}[g／cm・sec・Pa] のオーダー以下というレベルが必要です。これは、中空構造を形成する部材や接合材料には、樹脂材料は全く使えないということを示しており、金属材料もしくはセラミックやガラスの無機材料の使用が必須です。

図3-5-3で示した樹脂モールドパッケージでは、前にも述べたように、シリコンのキャップを低融点ガラスで接着して中空部を形成しています。図3-5-2で示したセラミックパッケージでは、中空構造の形成部材として、LTCC（Low Temperature Co-fired Ceramic: 低温

焼成セラミック）のセラミックパッケージとコバール製のメタルリッドを使用し、リッドに施したニッケルめっきとセラミックパッケージの金めっきをシーム溶接で接合しています。

シーム溶接というのは抵抗溶接法の一種で、図3-5-4に示すように、ローラー状の電極を回転させながら加圧および通電をして、そのローラーの軌跡に沿って部材同士を連続的に溶接する方法です。セラミックパッケージでもリッドを低融点ガラスで接着する場合はありますが、低融点とはいってもガラスの溶融温度は500～600°Cの高温であるため、パッケージ部材の酸化などが懸念され、窒素ガス雰囲気の炉内で実施するなどの対応が必要です。これに対して、シーム溶接は常温での加工であるためこのような懸念は無く、生産性も高いという利点があります。

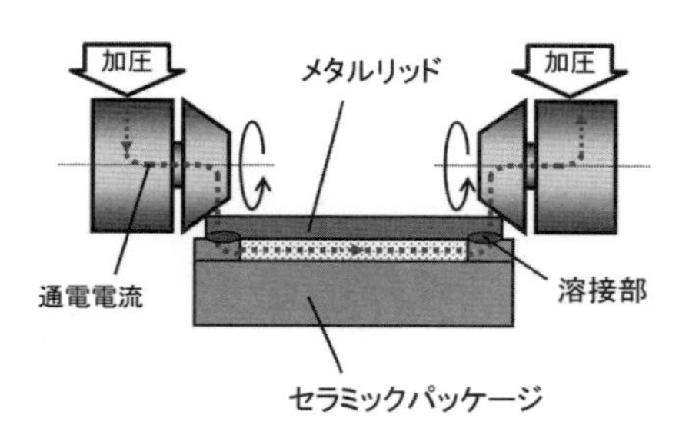

図3-5-4 シーム溶接

3-5-3 応力緩和構造

加速度センサの温度特性は、センサチップに加わる熱応力が支配的な要因です。この点で、樹脂モールドパッケージは、センサチップの回りが樹脂で固定されるため、熱応力の影響を大きく受けます。このため、感度の高い低Gセンサでは、樹脂モールドパッケージが用いられることはほとんどありません。これに対して、セラミックパッケージの場合は、センサチップを固定する接着材に低弾性の材料を使用することによって、チップ下からの熱応力を緩和することができます。

図3-5-2に示したようなスタック構造は、センサチップは同じシ

リコン材料の回路チップ上に接着されるため、センサチップへの熱応力は元々小さく抑制できる構造です。しかし、低Gセンサでは、精度確保のために、さらにセンサチップの接着材の低弾性化が必要です。これは、接着材自身の熱膨張によってセンサチップに熱応力が加わり、センサ特性に影響を与えるからです。

この接着材の影響について、図3-5-5に示すようなスタック構造のモデルを用いて解析した結果を図3-5-6に示します。解析では、温度を変化させたときのセンサチップの可動部と固定部の変位をFEM解析により求めて、その静電容量の変化からセンサ出力を計算しています。図3-5-6は、接着材のヤング率と接着材の厚さがセンサ出力に与える影響を示しており、接着材のヤング率が小さいほど、また接着材の厚さが薄いほど、センサ出力は影響を受けないことがわかりま

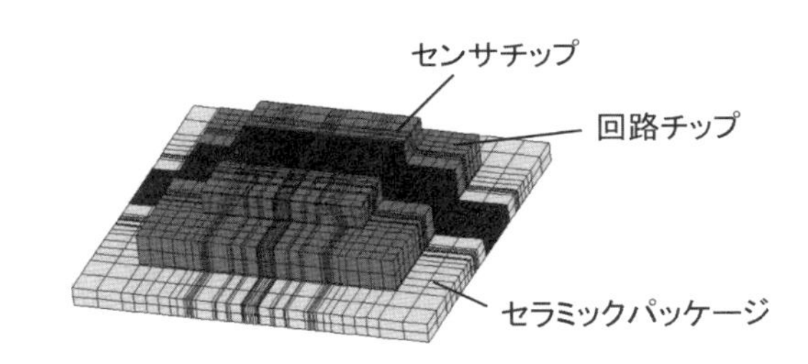

図3-5-5 スタック構造のモデル

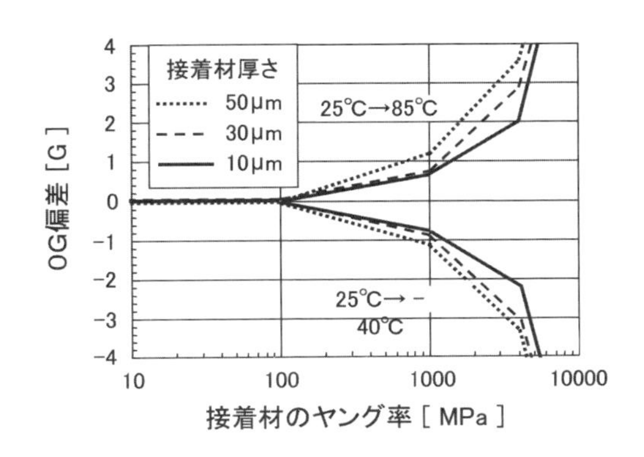

図3-5-6 センサ出力への接着材の影響

す。この結果は、接着材自身の熱膨張による応力が、センサ特性に影響を与えていることを物語っており、低Gセンサでは、ヤング率が100MPa以下の低弾性シリコーン接着材を用いています。

一方、接着材の低弾性化は、図3-5-7に示すように、加速度の伝達特性の悪化につながります。このため、接着材の厚さも含めて、加速度検出が必要な低周波数側で十分な伝達特性が得られるように、FEM解析などを利用して最適化することが必要です。

接着材にはフィルム状の接着材を用い、所定の大きさに切断したフィルムを接着工程に供給します。これは、ペースト状の接着材をディスペンサで供給するのに比べて、接着厚の制御性に優れ、取り扱いも容易だからです。

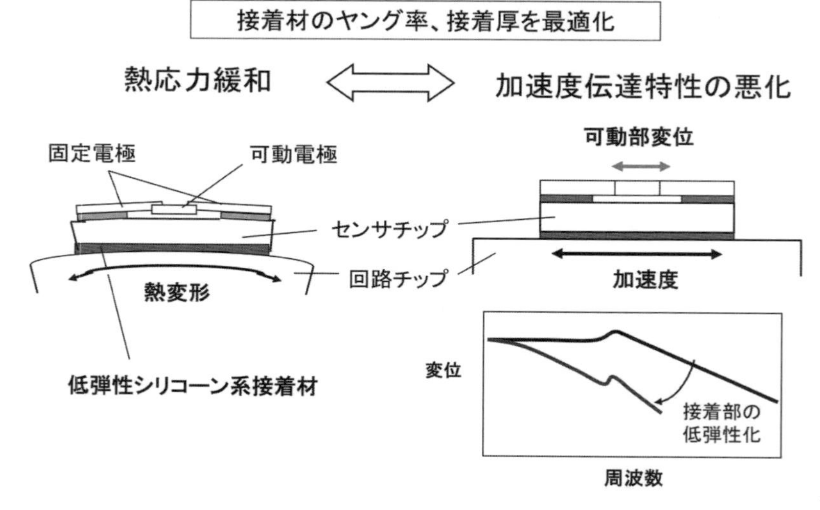

図3-5-7 センサチップ接着の低弾性化

3-5-4 加速度の伝達設計

加速度の伝達設計は、例えばエアバッグの前突センサの場合、車体→エアバッグECU→加速度センサパッケージ→センサチップの経路で、それぞれの伝達特性を正確に検証しておく必要があります。この中でエアバッグECUから加速度センサへ加速度が正確に伝達されるためには、加速度センサのSMDパッケージがプリント基板にはんだ付けされた状態で、パッケージの共振周波数が検出加速度の周波数成分より十分高くなければなりません。

このパッケージの共振周波数は、パッケージ形態によって大きく異なります。エアバッグの場合、車両衝突時の検出加速度の周波数は2kHz以下ですので、パッケージの共振周波数としては10kHz以上が望ましいところです。セラミックパッケージのようにリードレスであれば、剛性が高く、この点について何ら問題はありませんが、樹脂モールドパッケージでリード付きの場合は、場合によっては共振周波数がリードレスに比べて10分の1程度になることもあり、リードの剛性に十分な配慮が必要です。

3-5-5 はんだ接続寿命

加速度センサのプリント基板とのはんだ接続寿命は、他のSMDパッケージの製品とも共通の課題です。一般に、リード付きのパッケージであれば、リードのベント効果によって熱応力によるはんだ接続部の歪みは緩和されますが。リードレスの場合はこれが無いため、はんだ接続部の歪みは大きくなり、寿命としては不利な方向になります。つまりこれは、前に述べた加速度の伝達設計とはトレードオフの関係になります。

リードレスパッケージでのはんだ接続寿命の設計は、基本的には接続部のはんだ形状、特にはんだ厚を適正に設計することに尽きます。はんだ接続部は熱応力によって生じる歪みの繰り返しで疲労し、その疲労寿命は歪みが大きいほど短くなります。従って、使用するはんだ材料のS-N曲線（繰り返しストレスの大きさと寿命との関係）などから、まず目標寿命を満足できるように許容最大歪みを定めます。はんだ接続部の歪みは、接続される部材間の熱膨張差によって生じるせん断方向の歪みが主要因ですので、接続部のはんだ厚が大きく影響し、

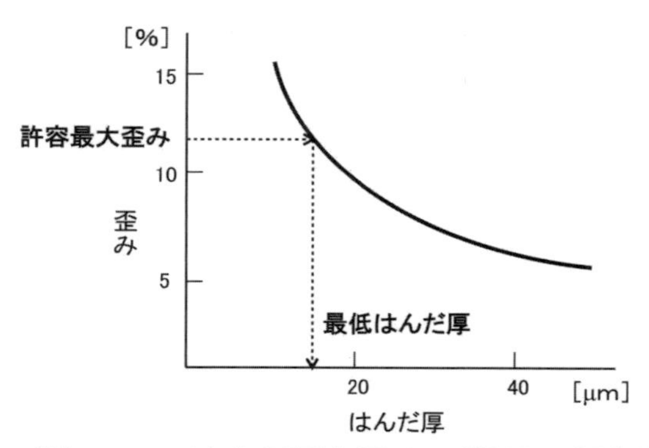

図3-5-8 はんだ厚と歪みの関係の解析例

はんだ厚を厚くすればこの歪みは小さくなります。その定量的な関係はFEMによる構造解析で見積もることができ、例えば図3-5-8に示すようになります。この図から、歪みを許容値以下にするために必要な最低はんだ厚が求められます。

このはんだ厚は、SMDパッケージとプリント基板のそれぞれのはんだ付け電極の形状や面積、電極のぬれ性、供給はんだ量など、様々な要因によって左右されます。そこで、構造的に確実にはんだ厚を確保する方法として、例えば図3-5-9に示すような方法があります。これは、SMDパッケージの電極として、必要な信号電極以外に、両端にダミー電極を設けて、このダミー電極には電極材料を余分に印刷あるいはめっきを施します。電極を厚付けして、信号電極より電極高さを高くするのです。こうすれば、ダミー電極を高くした分だけ、確実に信号電極のはんだ厚みを確保することができます。

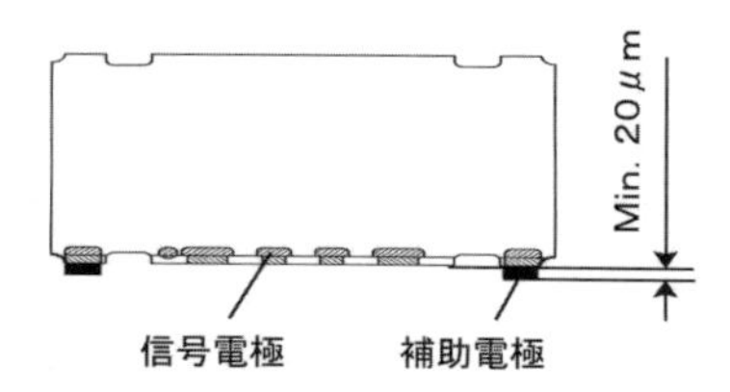

図3-5-9 はんだ厚確保のための構造例

◉参考文献

太田実、他

自動車用センサ、山海堂、2000

笹山隆生、他

自動車エレクトロニクス、山海堂、1997

矢野経済研究所

圧力・加速度・角速度センサの徹底研究 2006-2007

Yang Zhao

NIKKEI MICRODEVICES,May 2006,P64 ～ P67

鈴木康利

車載半導体センサ技術の動向、デンソーテクニカルレビュー、Vol.9 No.2 2004

J.P.Stadler,M.Offenberg,et al.

Sensors for Automotive Technology

5.3.Surface Micromachining-Discrete,WILEY-VCH,2003

Mark Harrison、他

車両制御安全システム用加速度センサの設計、デンソーテクニカルレビュー、Vol.9 No.2 2004

第4章
回転センサ

4-1 回転センサの用途

自動車には、エンジンからトランスミッション、車輪へとつながる動力系を中心に、数多くの回転センサが使われています。車載用の回転センサをその検出目的で整理すると、大きく次の３つに分けられます。

まず、第1に、連続的に回転する回転体の回転速度を検出するものです。これには、車両の速度を検出する車速センサやトランスミッションの回転速度を検出するトランスミッション回転センサなどがあります。

第２に、連続的に回転する回転体の１回転の中での、基準位置からの回転角度の検出を主目的にするものです。これには、エンジンのクランクアングルを検出するクランク角センサや気筒判別に使われるカム角センサなどがあります。

３つ目は、回転の始点と終点があり、その間を正逆両方向に自在に回転したり停止したりする往復回転体の回転位置を検出するものです。これには、エンジンの吸入空気量を制御するスロットルバルブの開度状態を検出するスロットル開度センサやステアリングシャフトの回転位置および方向を検出するステアリングセンサなどがあります。

表4-1-1 車載用の主な回転センサ

検出の主目的	センサ
回転速度	・車速センサ ・車輪速センサ ・トランスミッション回転センサ
回転角度	・クランク角センサ ・カム角センサ ・ディーゼル燃料ポンプ用回転センサ
回転位置	・スロットル開度センサ ・アクセル開度センサ ・ステアリングセンサ ・後輪操舵角センサ

もちろん、これらの目的のうちひとつだけでなく、複数の目的を持つものもあります。クランク角センサなどはその例で、クランクアングルを検出すると同時に、エンジンの回転速度とその変化を検出するという目的にも使われています。これらの車載用回転センサを整理して、表 4-1-1 に示します。この中から主な回転センサの用途について、以下に、もう少し詳しく述べたいと思います。

4-1-1 クランク角センサとカム角センサ

クランク角センサとカム角センサは、ガソリンエンジンの回転数、ピストンの位置、気筒判別などエンジンの状態を検出して、点火時期や燃料噴射の制御を行うために用いられ、ガソリンエンジン制御の基本となるセンサです。そのクランク角センサとカム角センサの外観の一例を図 4-1-1 に示します。

クランク角センサは、図 4-1-2 の模式図に示すように、エンジンのクランクシャフトに設けられた歯車状のクランクロータに近接して取り付けられます。このロータは、図 4-1-3 に示すように、基準位置（上死点）を検出するために、10° CA（Crank Angel: クランク角度）ごとの等間隔に設けられた歯のうち 2 枚の歯を欠かしてあり、34 枚の歯を持っています。クランク角センサは、このロータの山と谷を検出

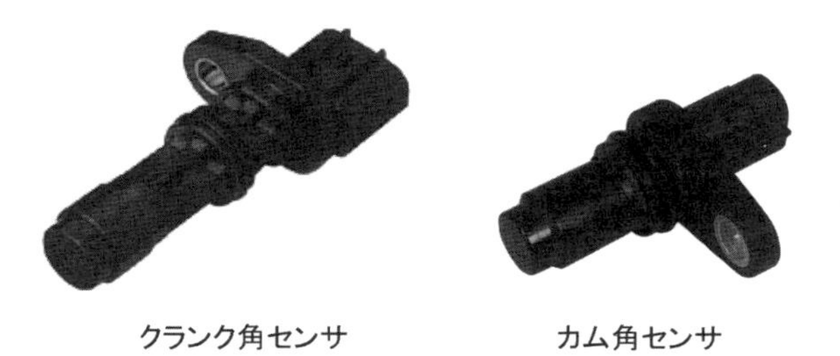

図4-1-1 クランク角センサとカム角センサの外観

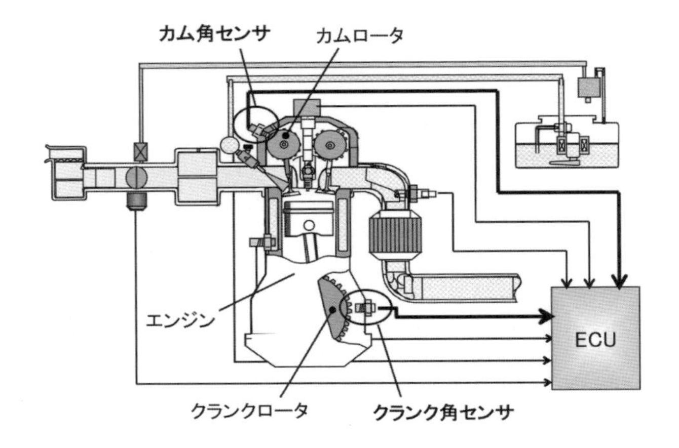

図4-1-2 クランク角センサとカム角センサの搭載位置

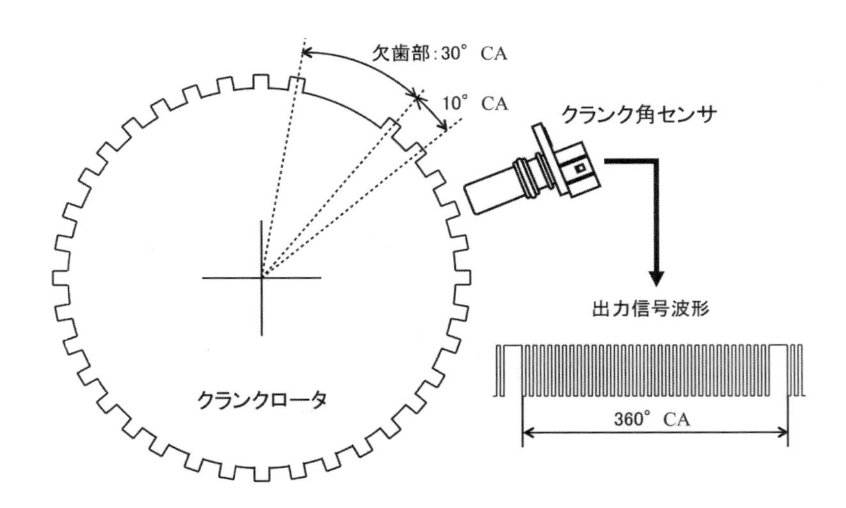

図4-1-3 クランク角センサの出力信号

して、図に示すような矩形波信号を出力します。この信号のパルス間隔からエンジン回転数を検出することができ、基準位置からのパルス数によりクランク角度、すなわちピストンの位置検出ができます。

カム角センサは、同じく図 4-1-2 に示すように、エンジンのカムシャフトに設けられたカムロータに近接して取り付けられます。カム角センサは、大抵の場合、カムシャフト 1 回転あたりに 1 個のパルスを出力します。すなわち、エンジン 2 回転（720° CA）に 1 パルスの信号が得られます。このパルス信号は、1 気筒のピストンがちょうど圧縮上死点付近にあるときに出力されるようになっており、これで気筒判別をすることができます。

このようにしてクランク角センサとカム角センサから得られるエンジン回転数、クランク角度、気筒判別の情報が、点火時期および燃料噴射の制御に使用されます。また、クランク角センサは、エンジン回転数のわずかな変動からミスファイアの検出を行うため高精度な回転角度の検出が求められます。さらに最近では、排出ガス浄化のための始動時の早期点火や、燃費向上のためのアイドルストップ機構などのシステム要求から、極低速および停止位置検出のニーズや、回転方向（正転と逆転）の検出ニーズも高まっています。

なお、ディーゼルエンジン制御でも、燃料噴射ポンプの回転数検出やエンジンのクランク角の基準位置を検出するために同種の回転センサが使われています。

4-1-2 トランスミッション回転センサ

トランスミッション回転センサはオートマティックトランスミッション（A ／ T）や無段変速（CVT）の制御システムで使用されます。

A ／ T の制御システムでは、回転センサは、通常、トランスミッションのインプットシャフトの回転数とアウトプットシャフトの回転数を検出するために、それぞれに設けられますが、その中間のクラッチドラムの回転数を検出するために、さらに回転センサが設けられる場合もあります。これらの回転数信号は、変速開始時期の検出や変速ショックをやわらげるためのクラッチ油圧やエンジントルクへのフィードバック制御に用いられます。

4-1-3 車速センサ

車速センサは言うまでもなく車両の走行速度を検出するセンサですが、その信号は、スピードメータの車速表示に使われるだけでなく、車両の運転状態のいわば基本情報として、様々な制御にわたって広範囲に用いられています。

車速センサの外観の一例を図4-1-4に示します。車速センサは、通常、トランスミッションのアウトプットシャフトの後部に取り付けられます。センサは、シャフトのロータの回転を検出して、信号処理回路によって最終的にはシャフト1回転あたり4パルスの矩形波信号を出力します。しかし、最近では、ABSやトラクションコントロールなどの制御が普及し、これらの制御に使用される車輪速センサが装着されることがあたりまえになったため、ABSのECUなどが、各車輪の車輪速センサの信号から車速信号を生成して出力することも多くなっています。

図4-1-4 車速センサの外観

4-1-4 車輪速センサ

車輪速センサは、ABSやトラクションコントロールシステムにおいて、車輪のスリップ率を求めるのに用いられます。また、前述のように車速信号としても利用されます。4輪それぞれに取り付けられた車輪速センサは、車輪に取り付けられたロータの回転数を検出し、これらから実際の車両の速度を推定して、車両速度と車輪速度から各車輪のスリップ率を求めます。

ABS制御では、このスリップ率が、路面との最大の摩擦係数が得られる目標のスリップ率（通常20～30%程度）になるように、各車輪のブレーキ油圧を制御します。また、トラクション制御では、このスリップ率から車両の発進や加速の度合いを推定して、最適な駆動力が得られるように、エンジンの出力および駆動輪のブレーキ油圧を制御します。

4-1-5 スロットル開度センサとアクセル開度センサ

スロットル開度センサは、アクセルペダルの操作に連動して、吸入空気量を調節するスロットルバルブの開度を検出するセンサです。センサはスロットルバルブの回転角に比例した信号を出力して、そのスロットル開度状態に応じて燃料噴射量の制御が行われます。

また、スロットルバルブの開度を、運転者の直接のアクセル操作によらずに、モータ駆動で制御する方式があります。これは、排出ガス浄化のための空燃比の精密制御や、省燃費を狙ったリーンバーンエンジンの空燃比切替え時のトルク制御のために、スロットルバルブの開度をより精密に調節するためです。この電子制御スロットルシステムの構成を模式的に表したものを図4-1-5に示します。このシステムでは、アクセルペダルに設けられたアクセル開度センサで運転者のペダル操作を検出して、システム制御用のECUに信号を送ります。ECUは、スロットル開度を他の様々な情報を含めて演算、決定して、スロットルバルブを駆動するモータを制御します。ここで、スロットル開度センサの信号は、そのフィードバック制御に用いられます。

4-1-6. ステアリングセンサ

ステアリングセンサは、車両の旋回時に運転者のハンドルの操作状態を検出するために、ステアリングシャフトに取り付けられ、シャフ

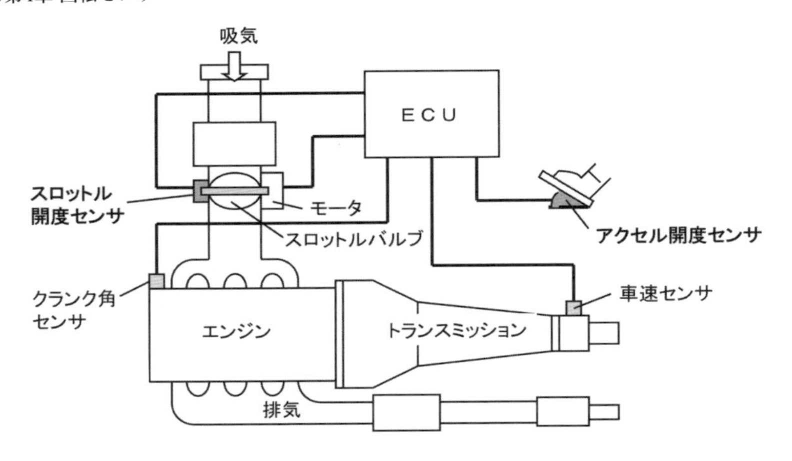

図4-1-5 電子制御スロットルシステム

トの回転位置と回転方向を検出するセンサです。このセンサ信号で車両の旋回方向を検知して、ESC（横滑り防止装置）のシステムやサスペンション制御におけるローリング（横揺れ）防止など、車両の姿勢を安定に保つ制御のために用いられます。

4-1-7 回転センサの要求仕様

回転センサは、以上に述べたように様々な用途がありますが、押しなべて厳しい環境に置かれることが多いセンサと言えます。エンジンに直接搭載されたり、トランスミッションや車輪に取り付けられたりするため、高い耐熱性と耐振性、および耐被水性や耐オイル性（エンジンオイルやトランスミッションオイル）など、耐環境性に優れたものが必要とされます。

一例として、クランク角センサの要求仕様の例を表4-1-2に示します。エンジンに直接搭載されるセンサであるため、幅広い使用温度範囲が要求されています。また、電源がバッテリーから供給されるため、最大定格電圧が大きく、耐電気ノイズ性も厳しい要求になっています。特性仕様としても、検出ギャップと動作回転数が広い範囲の中において、絶対角度精度を± 1°以内に保たなければなりません。

表4-1-2 クランク角センサの仕様例

項目	仕様
使用温度範囲	－40～150℃
検出ギャップ	0．5～1．5 mm
動作回転数	0～8000 rpm
絶対角度精度	±1°
定格電圧	5～16 V
EMC	200 V／m
ESD	±25 kV

4-2 回転センサの方式

車載用の回転センサには数多くの方式がありますが、まず、接触式と非接触式に大別されます。接触式で代表的なものは、摺動抵抗式の回転センサです。この方式のセンサは、回転シャフトに装着された摺動子と、それに接触する円周上に抵抗体が印刷された回路基板で構成されています。シャフトが回転すると、摺動子が抵抗体上を移動して、摺動子と抵抗体端子間の抵抗値が回転角に比例して変化します。抵抗体に一定電圧を印加しておけば、摺動子から回転角に比例した分圧電圧を取り出すことができます。このような接触式は、表 4-1-1 で示した往復回転体の回転位置検出に向いており、スロットル開度センサなどに用いられていますが、摺動部があるがゆえの経時変化やサイズ制約の点で、この領域でも徐々に非接触式に置き換えられることが多くなっています。

非接触式の回転センサには、光方式と磁気方式があります。さらに、磁気方式としても様々な方式がありますが、主に電磁ピックアップ（MPU:Magnetic Pick Up）方式とシリコンホール方式、強磁性体薄膜の磁気抵抗素子（MRE:Magneto-Resistance Element）方式の 3

表4-2-1 非接触式回転センサの特徴比較

方式	光方式	磁気方式		
		MPU	Siホール	MRE
感度	大	回転速度に依存	小	中
停止位置検出	可能	不可	難	可能
エッジ精度	良	良	劣る	良
信号処理回路との集積化	難	不可	優れる	可能
搭載性	劣る	良	良	良
耐環境性	劣る(汚れ)	良	良	良

つが、車載用の回転センサとしてよく使われます。これらの特徴を整理して比較すると、表4-2-1のようになります。

光方式の回転センサは、図4-2-1に示すように、発光素子（LED: Light Emitting Diode）と受光素子（フォトトランジスタもしくはフォトダイオード）が対となったフォトインタラプタと、回転体のシャフトに取り付けられたディスクで構成されます。フォトインタラプタには、発光素子と受光素子を対向させて透過光で物体の有無を検出する透過型と、発光素子と受光素子を同じ側に配置して反射光で物体の有無を検出する反射型がありますが、図に示したのは透過型です。回転するディスクの円周上には等間隔でスリットが設けられており、光が断続されることによりパルス信号が得られます。光方式は、検出精度が高く、応答速度が速いのが特長ですが、汚れに敏感であるためその搭載環境に制約があるのが難点です。このため車載用の非接触式回転センサとしては、磁気方式が古くから主流となっています。

表4-2-1に挙げた磁気方式の回転センサは、いずれも回転シャフトに取り付けられたロータに近接して設置され、ロータの回転によって

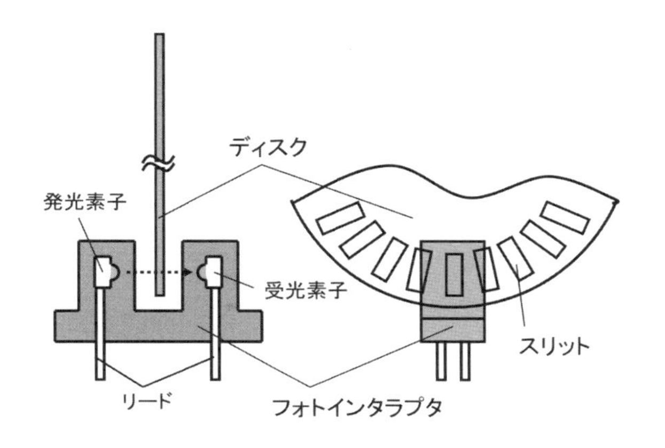

図4-2-1　光方式の基本構成

生じる磁束密度の変化ないしは磁気ベクトルの変化といった何らかの磁気的変化を検出するものです。このロータは、センサ側からみると検知対象に当たるため、ターゲットロータとも呼ばれます。車両システムで用いられるターゲットロータには、ギアロータと着磁ロータがあります。

ギアロータは、例えば、クランク角センサについて述べた 4-1-1 項の図 4-1-3 に示したような歯車状のロータで、鉄などの磁性体を用いることにより、円周上の山と谷の形状変化によって磁気的な変化を生じさせます。一方、着磁ロータは、ロータの円周上に N 極と S 極を等間隔で着磁したもので、回転によってこの N 極と S 極が交互にセンサに近接します。

着磁ロータは、それ自身が磁束を発生する起磁力を持つため、センサの感度を高めることができるという利点がありますが、経済性の点では、ギアロータのほうが優れています。どちらのタイプのロータを使用するかは、センサを含めて最終的に得られるセンシング性能と経済性のバランスから決定されますが、多くの場合にギアロータが使用されています。そこで、以下に述べる 3 つの方式の磁気センサでは、すべてギアロータを例にして説明します。

4-2-1 MPU 方式

MPU 方式の回転センサの基本原理は、図 4-2-2 に示すように、コイルと交差する磁束の時間的変化率に比例してコイルに起電力が発生するという、回転発電機の発電原理と同じ電磁誘導作用を利用したものです。

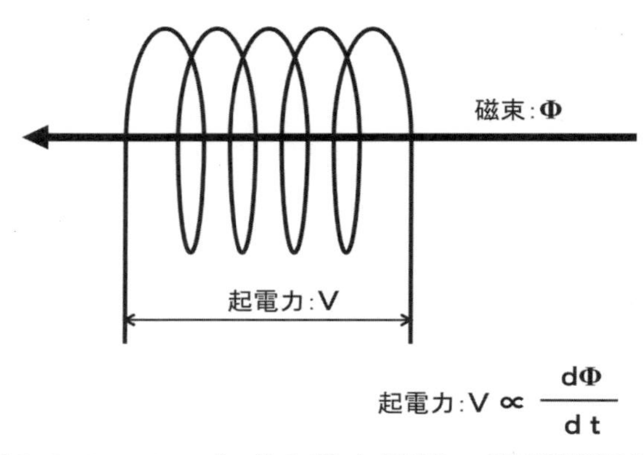

図4-2-2 MPU方式の基本原理 - 電磁誘導作用 -

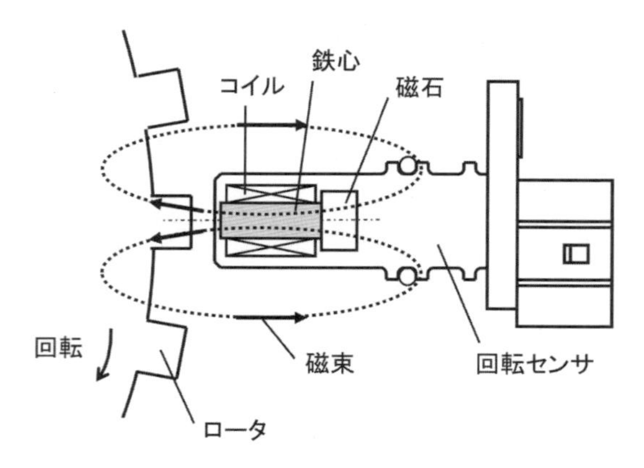

図4-2-3 MPU方式の回転センサ

センサは、図 4-2-3 に示すように、磁束を発生させる磁石と鉄心に巻かれたコイルで構成されており、ターゲットロータに近接して設置されます。ロータが回転すると、図でも明らかなように、センサとロータの間のエアギャップが変化します。磁気回路でいえば、このエアギャップは磁気抵抗に相当し、センサがロータの山部に対向したときに最小、谷部で最大の抵抗値となります。

従って、電気回路の電流に相当する磁束は、ロータの山と谷に対応して、図 4-2-4 に示すような変化をします。この磁束変化による電磁誘導作用で、センサのコイルには図示のような起電力が発生し、これがセンサの出力となります。センサ出力の大きさ、すなわち感度は、磁束の変化率に比例しますから、図にも示したように、回転数が低くなるほど低下します。このため、MPU 方式では検出できる回転数に限界があり、ロータの停止位置や極低速での回転数が検出できないという機能上の大きな制約があります。

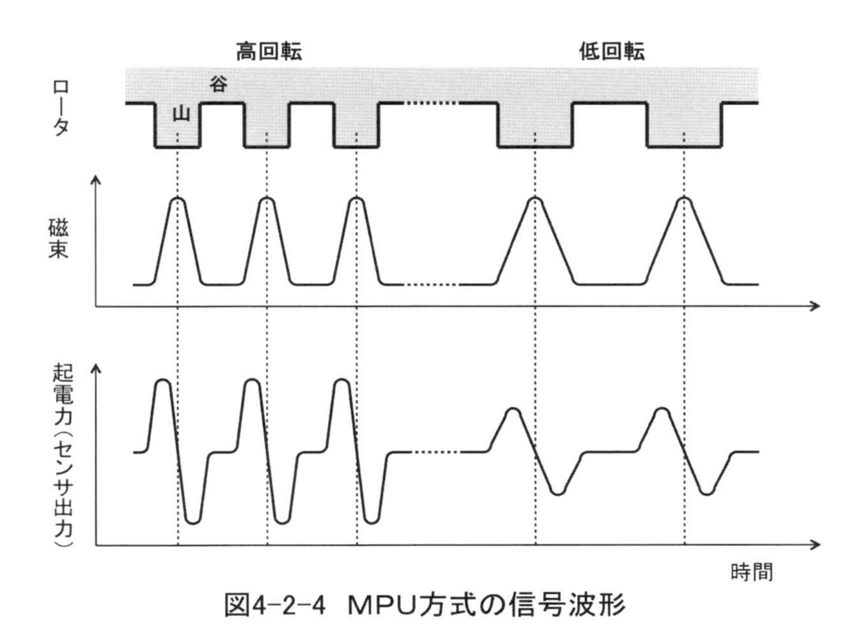

図4-2-4　MPU方式の信号波形

4-2-2 ホール方式

ホール方式のセンサは、半導体のホール効果を利用したものです。ホール効果は、基本的には、磁場中を荷電粒子が移動すると、荷電粒子にローレンツ力が働き、荷電粒子の軌道が曲げられることによって生じるもので、その荷電粒子の移動、すなわち電流と、磁場およびローレンツ力の方向の関係はフレミングの左手の法則として知られています。

①ホール効果

ホール効果を、図 4-2-5 に示すようなP型半導体の薄板のホール素子モデルで説明します。図に示したように、印加電圧Vにより、Y軸方向に電界 E_Y が発生し、正孔はY軸方向に移動し電流Iが流れます。Z軸方向に磁場（磁束密度B）を作用させると、X軸方向に働くローレンツ力により正孔の軌道はX軸の正方向に曲げられます。その結果、ホール素子のX軸正方向の側面(図中の手前側面)で正孔が過剰となり、反対側側面では正孔が欠乏するため、図に示すような電圧 V_H が発生し、この電圧をホール電圧と呼びます。

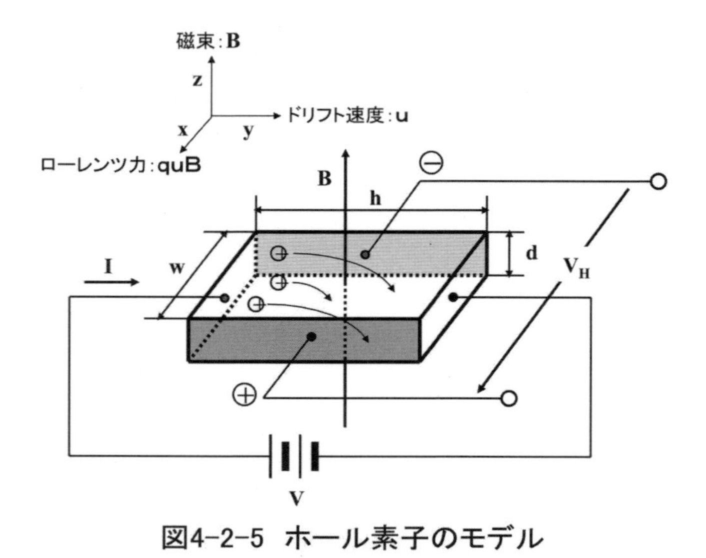

図4-2-5 ホール素子のモデル

ホール電圧によりX軸の負方向に電界E_Xが発生するため、正孔に働く力は、この電界E_Xによる静電気力とローレンツ力がつり合って、定常状態となります。正孔の電荷をq、電界E_Yによるドリフト速度をuとすれば、このつり合いは、

$q u B$（ローレンツ力）$= q E_X$（静電気力）・・・(4-1)

とあらわせます。ここで、正孔の濃度をp、ホール素子の幅をw、厚みをdとすれば、Y軸方向の電流Iとホール電圧V_Hは、それぞれ、

$I = q p u w d$・・・(4-2)

$V_H = w E_X$・・・(4-3)

ですので、この関係を使って（4-1）式のドリフト速度uと電界E_Xに代入すれば、

$V_H =$（1／q p）（I／d）B・・・(4-4)

となります。ここで、1／q pはホール係数と呼ばれます。また、(4-4)式は、ホール電圧が磁束密度Bと電流Iの積に比例することを示しており、この比例定数を積感度と呼びます。(4-4) 式を積感度K_Hで表せば、$V_H = K_H I B$であり、$K_H = 1／q p d$となります。

ホール素子がN型半導体の場合は、荷電粒子が電子となり、発生するホール電圧は正負が逆になりますが、電子の濃度をnとすれば、同様に考えて、

$V_H =$（−1／q n）（I／d）B・・・(4-5)

が導かれます。ここでは、−1／q nがホール係数となります。(4-4)式および（4-5）式は、ホール電圧V_Hが磁束密度Bに比例し、その比例定数、すなわちホール電圧の磁気感度は、電流（I）が大きく、キャリア濃度（pもしくはn）と素子の厚み（d）が薄いほど、高くなることを示しています。ホール素子の形成は、通常、半導体基板への不純物拡散、ないしは真空蒸着やCVD法によるエピタキシャル成長等の方法による膜成長で行われるため、素子の厚みが薄いほど感度が高くなるという点は、これらの素子形成方法との相性が良いと言えます。

また、別の見方として、印加電圧との関係を導いてみます。正孔の移動度をμ_P、ホール素子の長さをhとすれば、ドリフト速度uと印

加電圧Ｖの関係は、

$u = \mu_P E_Y = \mu_P V / h$・・・(4-6)

となります。この（4-6）式と（4-3）式を（4-1）式に代入すると、

$V_H = \mu_P (w / h) V B$・・・(4-7)

が得られます。Ｎ型の場合も同様に、電子の移動度をμ_Nとすれば、

$V_H = -\mu_N (w / h) V B$・・・(4-8)

が得られます。これは、印加電圧（V)、キャリアの移動度（μ_Pもしくはμ_N)、素子の幅対長さの比（w／h）がいずれも大きいほど、感度が高くなることを示しています。ただし、w／hが大きくなる、すなわち素子幅に対して長さが短くなると、バイアス印加用の電極が、側面間に発生するホール電圧を短絡するように働くので、ホール電圧は（4-8）式などで与えられる値よりも小さくなり、注意が必要です。

キャリアの移動度は、一般に正孔の移動度に比べて電子の移動度のほうが格段に大きいため、ホール素子には、ほとんどの場合Ｎ型半導体が使用されます。また、半導体材料については、表4-2-2に示すように、InSbやInAsの電子移動度はシリコンの数十倍あり、高感度のホールセンサとして使われますが、禁制体幅が小さいため、高温での特性変化が大きく、車載用のセンサの使用に適しているとはいえません。GaAsは、その両者のバランスがとれた材料といえます。一方、シリコンは、これらの材料に比べて電子移動度が低く、ホール素子に

表4-2-2 半導体磁気センサ材料の物性比較

物性値	InSb	InAs	GaAs	Si
禁制体幅［eV］	0．17	0．36	1．43	1．12
電子移動度［cm^2／(V·s)］	78×10^3	33×10^3	8.5×10^3	1.9×10^3
正孔移動度［cm^2／(V·s)］	750	450	420	425

適した材料とはいえませんが、増幅や波形整形などの信号処理回路としての LSI 高集積回路との一体化が容易にできるため、シリコンホール素子と高集積の信号処理回路を 1 チップ化したものが、ホール IC と称されて、幅広い分野で大量に使用されています。

ホール素子はこれまで述べたように、ホール素子面を垂直に貫く磁界の強度に比例したホール電圧を出力するもので、この磁気特性をあらためて図 4-2-6 の（a）に示します。図の左側に示すような座標軸おいて、Z 軸方向の磁束密度 Bz に比例し、正負両方向にも対応した線形な出力特性が得られます。このような特性が得られることから、図 4-2-6 の（b）に示すように、Z-X 平面内を回転する磁界に対しては、磁束密度を B、回転角を θ とすれば、Z 軸方向の磁束密度成分は $Bz = B \cdot \cos\theta$ ですから、ホール電圧 V_H もちょうどこれに比例した回転角 θ に対する出力が得られます。つまり、一定の磁束密度で回転する磁場を形成すれば、0 ～ 180deg. の範囲内で回転角を検出するこ

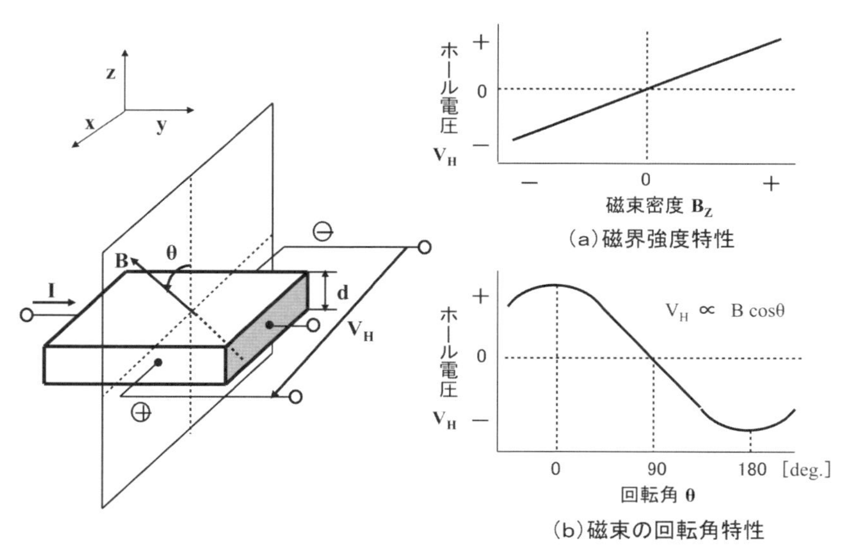

図4-2-6 ホール素子の出力特性

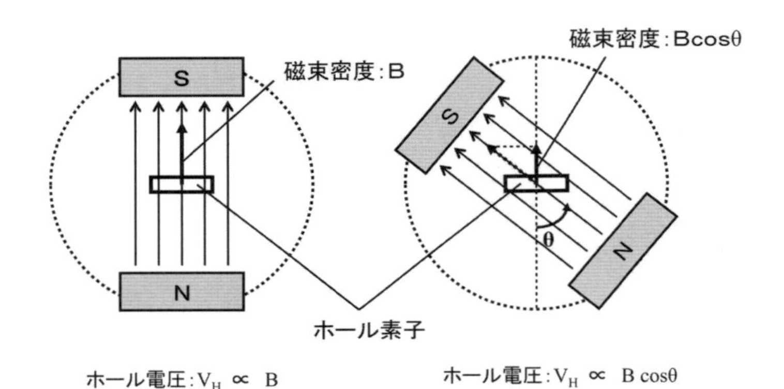

図4-2-7 ホール素子による回転角の検出

とができます。この回転角の検出構造を模式的に示したのが図 4-2-7 で、スロットル開度やアクセル開度などのセンサに用いられています。

②シリコンホール方式の回転センサ

シリコンホール方式の回転センサの構造例を図 4-2-8 に示します。センサは、磁束を発生させる磁石とホール IC で構成されており、ターゲットロータに近接して設置されます。ホール IC には、シリコンホール素子と信号処理回路が、1 チップに集積化されています。シリコンホール素子は感度があまり高くないため、雑音に埋もれないレベルのホール電圧を得るためには、一般的には 50 mT（ミリテスラ）程度の磁束密度が必要となり、磁石にはサマリウム・コバルト磁石（通称サマコバ磁石）やネオジウム・鉄・ボロン磁石（通称ネオジ磁石）などの磁束密度の高い希土類磁石が概ね使用されます。

ロータが回転すると、センサとロータの間のエアギャップが変化しますから、ホール IC 内のホール素子を貫く磁束は、ロータの山と谷に対応して、図 4-2-9 に示すような変化をします。この磁束変化により、ホール電圧も、図示のように変化します。このホール電圧信号は、ホール IC に内蔵された信号処理回路で、増幅および所定のしきい値電圧との大小比較による波形整形で、矩形波信号に変換され、これがセンサの出力となります。

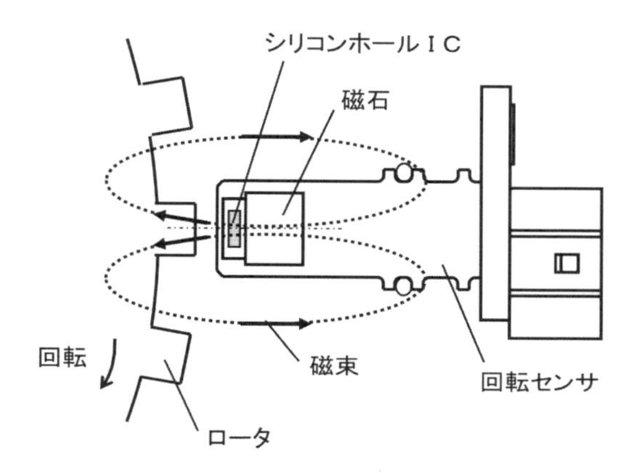

図4-2-8　シリコンホール方式の回転センサ

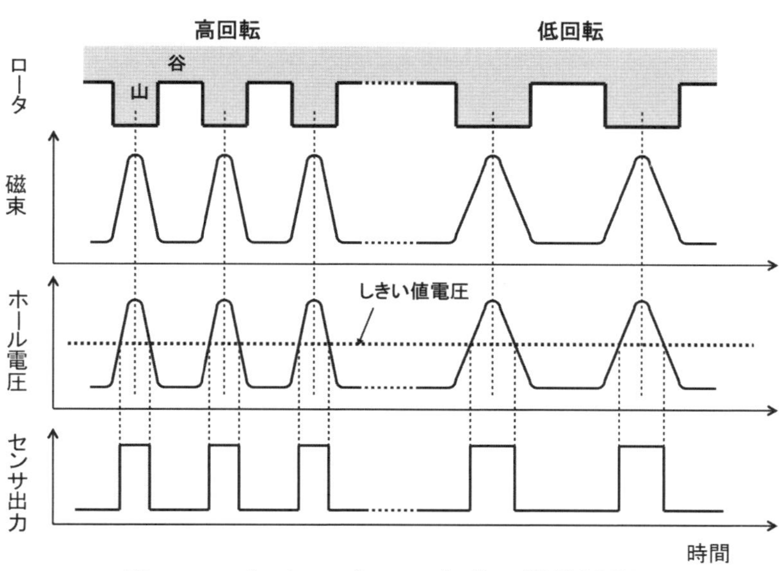

図4-2-9　シリコンホール方式の信号波形

ホール電圧は磁束密度に比例しますから、回転数には影響されずに、ロータの山と谷に対応した一定の電圧が得られます。MPU方式のように、回転数が低くなるほど出力が低下するということはありませんので、基本的には、ロータの停止位置や極低速での回転数を検出することが可能です。しかし、ホール電圧感度が十分でなく、信号振幅が小さい場合は、ハイパスフィルタや極大極小値検出回路などによって、ロータの山と谷に対応した信号の変化分だけを取り出す信号処理が必要となります。これは、ロータとセンサ間の取り付けギャップのばらつきやホール素子の特性ばらつきなどにより、オフセット電圧の変動があり、これによって信号電圧がシフトするため、信号振幅が小さい場合は、しきい値電圧に掛からなくなってしまうからです。この場合には、信号の変化分だけを取り出して増幅する必要があり、それが故に、ロータが停止した状態での位置検出（山あるいは谷の検出）はできなくなります。シリコンホールICは感度が決して高いとはいえないため、特にギアロータの検出では磁束密度の十分な変化が得られず、停止位置検出はきわめて難しいものとなります。

4-2-3 MRE方式

磁気抵抗素子（MRE）というのは、一般的には、外部磁界によってその電気抵抗が変化する素子の総称で、代表的なものとしては、半導体MREと強磁性体薄膜のMREがあります。両者の抵抗変化は、全く異なる原理に基づくもので、その抵抗変化の特性にも大きな違いがあります。

①半導体MRE

半導体MREは、前項で述べたホール効果と同様に、半導体の荷電粒子が磁場中でローレンツ力を受けることにより、抵抗値が変化するものです。つまり、電圧印加によってその電界方向にドリフトする荷電粒子の進行方向が、磁場中ではローレンツ力によって曲げられため、磁界強度が大きくなるほど抵抗値が増加するわけです。この磁界強度に対する抵抗変化特性の一例を図4-2-10に示します。この現

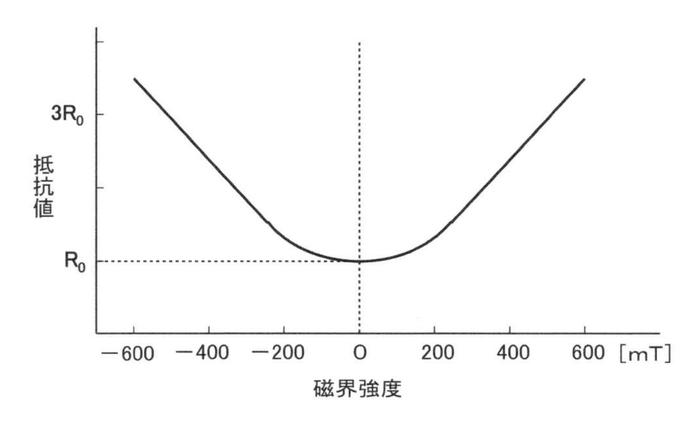

図4-2-10 半導体MREの抵抗変化特性

象は、半導体全般にみられる現象ですが、ホール効果と同様にInSbやInAsの薄膜抵抗を用いれば、より大きな抵抗値変化が得られます。しかし、車載用回転センサとしては、ホール方式のほうが広く用いられており、半導体MREは、ほとんど使われていません。

②強磁性体薄膜のMRE

強磁性体薄膜のMREには、Ni-FeやNi-Coなどの強磁性金属の合金材料で形成した薄膜抵抗体が用いられます。強磁性体薄膜のMREは、車載用回転センサにおいて広く用いられており、MRE式回転センサといえば、通常、強磁性体薄膜のMREによる回転センサのことをさします。この薄膜抵抗体の、磁場による抵抗変化特性を以下に説明します。

図4-2-11に示すように、薄膜抵抗体が形成された面をX-Y平面とし、抵抗体の長手方向をX軸とします。この抵抗体に、X-Y平面に平行で、抵抗体の長手方向に垂直なY軸方向に外部磁界$B_{\perp}$をかけると、抵抗値が減少します。この抵抗値の減少は、磁界強度がある所定値を超えると飽和して、それ以上磁界をかけても、抵抗値は減少しなくなります。このときの磁界強度を飽和磁界強度といいます。飽和磁界強度は、抵抗体の形状や材料によって異なりますが、概ね10 mT(ミリテスラ)程度で、この程度の磁界強度であれば、安価なフェライト磁石を用い

ても十分得られます。また、抵抗体の長手方向と平行なX軸方向に外部磁界$B_{/\!/}$をかけると、抵抗値は僅かに増加します。これらの抵抗変化特性を図4-2-12に示します。

このような現象は、磁界をかける方向によって抵抗値変化の振舞いが異なるので、異方性磁気抵抗（AMR:Anisotropic Magneto-

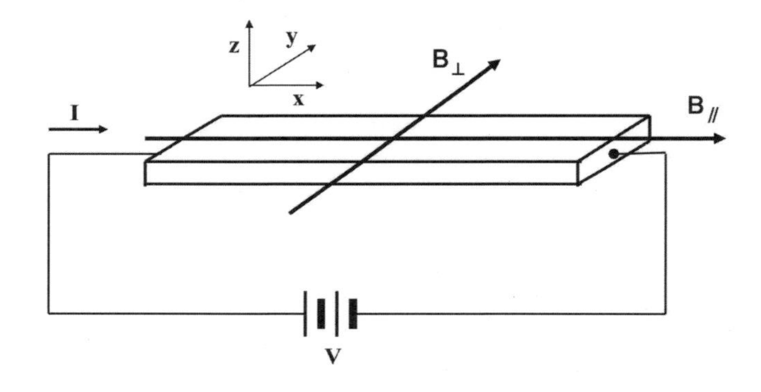

図4-2-11 強磁性体薄膜のMRE

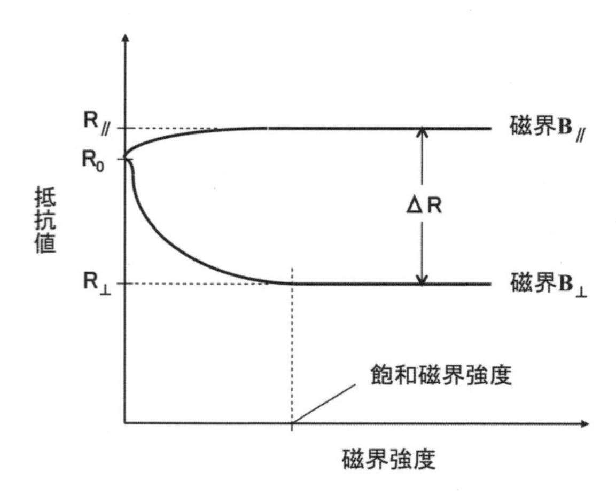

図4-2-12 強磁性体の磁界強度に対する抵抗値変化

Resistance）効果と呼ばれます。図 4-2-12 に示したように、抵抗体の長手方向と垂直な外部磁界 $B_{\perp}$を飽和磁界強度以上かけたときの飽和抵抗値を $R_{\perp}$とし、平行な外部磁界 $B_{/\!/}$をかけたときの飽和抵抗値を $R_{/\!/}$とすれば、この飽和磁界を X-Y 平面内で回転させることによって、$R_{/\!/}$から $R_{\perp}$までの抵抗値変化が得られることがわかります。

この抵抗変化特性を図 4-2-13 に示します。$R_{/\!/}$と $R_{\perp}$の差分（$R_{/\!/}-R_{\perp}$）を ΔR として、その $R_{\perp}$に対する割合、すなわち、$\Delta R／R_{\perp}$をここでは磁気抵抗変化率と呼ぶこととします。磁気抵抗変化率は材料によって異なりますが、数%のオーダーが得られます。また、抵抗体の長手方向に対する飽和磁界の回転角を θ とすれば、図 4-2-12 に示した抵抗変化特性は、次式のように表せます。

$$R(\theta) = R_{\perp} + (R_{/\!/} - R_{\perp})\cos^2\theta = R_{\perp} + \Delta R\cos^2\theta \quad \cdots (4\text{-}9)$$

つまり、強磁性体の MRE は、飽和磁界強度以上の磁界であれば、その磁気ベクトル（磁界の方向）を 0 ～ 90deg. の範囲内で高感度に検出できます。加えて、Y-Z 平面の回転磁界と Z-X 平面の回転磁界

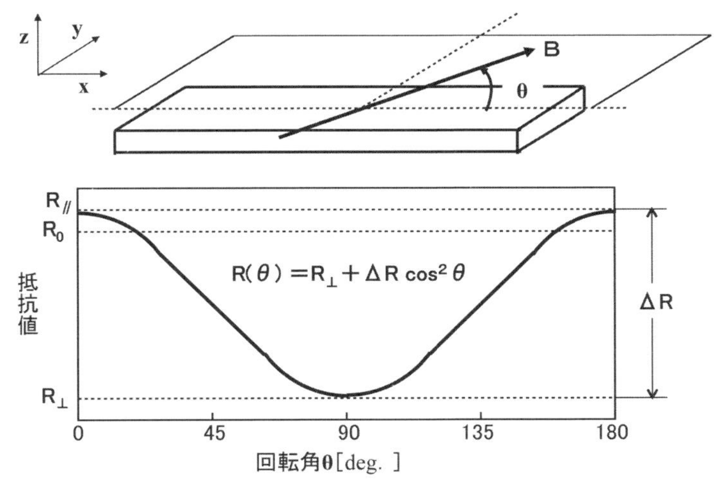

図4-2-13　強磁性体薄膜MREの磁気特性（1）

に対する抵抗変化特性をそれぞれ図 4-2-14 と図 4-2-15 に示します。一般的には、ギアロータの回転を検出する場合には X-Y 平面が使われ、指向性の高い Y-Z 平面は、多極着磁ロータの回転を検出する場合などに使用されます。

異方性磁気抵抗効果が発生する原因は、強磁性体の内部磁化方向が外部磁界を加えることによって変化することにあります。強磁性体は結晶方向や形状により磁化し易い方向があり、この方向を磁化容易軸といいます。これは磁化した時のエネルギーがより安定となる方向に磁化するためです。鉄のくぎを磁化すると分かるように、棒状の場合は、長手方向が磁化容易軸になります。強磁性体の薄膜抵抗体でも、長手方向が磁化容易軸となり、外部磁界がない場合はこの方向に自発的な磁化が形成されています。強磁性体の磁化を担っているのは、結晶中の束縛電子の自転（スピン）現象で、スピンの向きが一定の方向にそろっていることによって、自発磁化が形成されています。

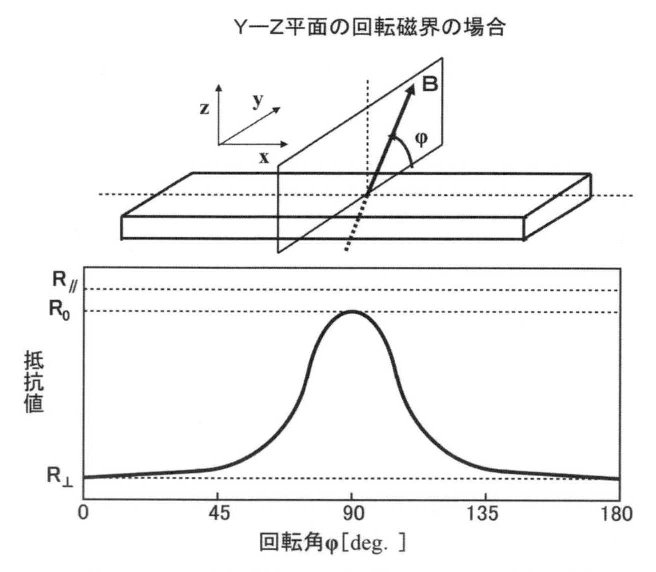

図4-2-14 強磁性体薄膜MREの磁気特性（2）

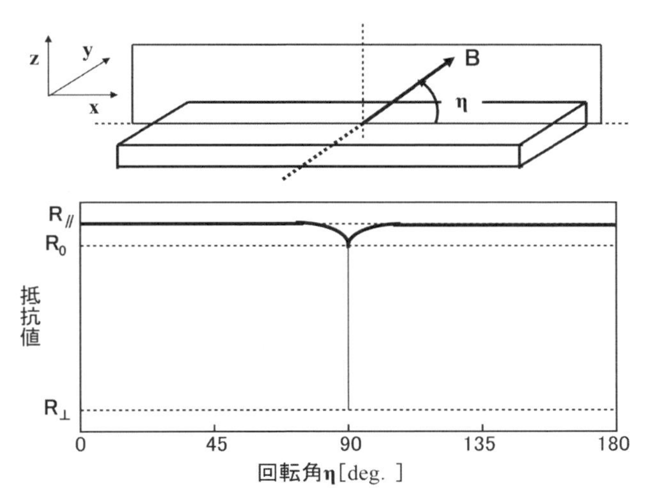

図4-2-15　強磁性体薄膜MREの磁気特性（3）

外部磁界を加えると束縛電子のスピンの向きが変化し、内部磁化方向が変化します。スピンの向きの変化によって、結晶中の原子周囲の電界に変化が生じ、結晶中を移動する自由電子の散乱強度が変わります。磁化方向が磁化容易軸に向くほど、自由電子が強く散乱されるような電界が存在して抵抗値は大きくなり、外部磁界によって束縛電子のスピンの向きが変化すると、電界は自由電子の散乱を弱くするように変化して抵抗値は小さくなります。

③強磁性体薄膜 MRE の材料

強磁性体薄膜の MRE には、Ni-Fe 合金もしくは Ni-Co 合金が使用されます。Fe や Co、Ni の強磁性金属は単体でも 1 ～ 2％の磁気抵抗変化率がありますが、これらよりも合金のほうが磁気抵抗変化率は高く、単体の金属が用いられることはほとんどありません。

最も多く使われているのは、通称パーマロイと呼ばれる 81Ni-19Fe 合金です。磁気抵抗変化率は Ni-Fe の組成比によって変わります。バルク材料では、90Ni-10Fe 近くの組成で最大約 5％となりますが、薄膜の場合は、バルク材料より結晶内部の構造が乱れていたりするため、全体的に変化率は小さくなります。その磁気抵抗変化率は、パーマロイの組成付近で最大となり約3%です。

また、パーマロイは磁歪定数がほぼ0という特長があります。磁歪は強磁性体に外部磁界をかけると、その寸法が変化する現象ですが、逆に強磁性体に力が加わると磁気特性が変化します。薄膜MREはシリコン基板の上に密着しており、またモールド樹脂で封止されるため、熱応力が働きます。このため、磁歪定数がほぼ0で、応力による磁気特性変化の小さいパーマロイは、非常に望ましい材料といえます。

Ni-Co合金は、例えば76Ni-24Coで約5%という比較的高い磁気抵抗変化率を示します。このため、自動車用の回転センサにも用いられることがありますが、磁歪定数が大きいことやその他の磁気特性の点で、使いこなすことが難しい材料といえます。

④巨大磁気抵抗効果とトンネル磁気抵抗効果

強磁性体の磁気抵抗素子（MRE）には、ここまで述べた強磁性体薄膜の異方性磁気抵抗（AMR）効果によるMREのほかに、巨大磁気抵抗（GMR:Giant Magneto-Resistance）効果やトンネル磁気抵抗(TMR:Tunnel Magneto-Resistance)効果によるMREがあります。これらの素子は、主に磁気記憶装置の磁気ヘッドのさらなる高性能化のために、AMRに替わる素子として開発されたものですが、GMRは車載用の回転センサとしても用いられています。

GMRは、図4-2-16の（a）の模式図に示すように、Coなどの強磁性薄膜とCuなどの非磁性薄膜を、数nmの厚さで交互に数十層積層した構造を持っています。この構造において、非磁性膜を挟んだ上下の強磁性膜は、外部磁界がない場合、図4-2-16の（b）に示すように、互いに反平行方向に磁化されています。これは、強磁性膜の端部から洩れた磁界が、図中の破線で示したようにつながって、閉磁路を形成(カップリング)するのが最も安定な状態であるためです。この状態で、GMRの中を移動する自由電子は、自由電子の移動の向きと強磁性膜の磁化の向きが同じ場合には散乱が少なく、磁化が逆向きの場合には強い散乱を受けることになります。そして、この電子の散乱は、強磁

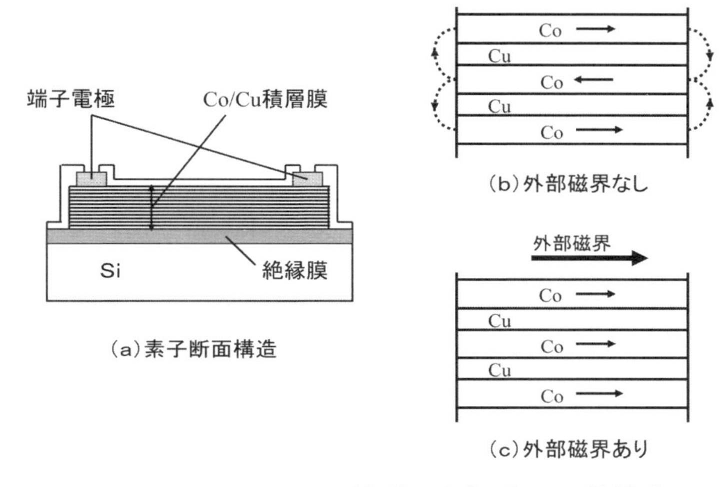

図4-2-16　GMRの構造と内部磁化の状態変化

性層と非磁性層の界面で特に強く生じます。

これに対して、図4-2-16の（c）に示すように、外部から磁界をかけて強磁性膜の磁化の向きを同じ方向にそろえると、自由電子の移動の向きと磁化の向きがすべて同じになり、散乱が少なくなるため抵抗値が減少します。GMRは、磁化が逆向きの層での電子の散乱がきわめて大きいことと、積層構造によって強磁性層と非磁性層の界面を多数形成しているため、従来のAMRに比較して高い磁気抵抗変化率が得られます。しかし、上下の強磁性膜のカップリングは非常に安定で強いため、強磁性膜全層の磁化の向きを平行にするには、かなり高い磁界をかけることが必要です。つまり、GMRの持つ高い磁気抵抗変化率のポテンシャルを十分に得るためには、高い磁界が必要になります。これをAMRの抵抗変化と比較して模式的に表すと、図4-2-17のようになります。

GMRはきわめて薄い金属膜を積層した構造のため、高温での金属膜間の相互拡散による特性劣化が課題で、磁気ヘッドに広く使われるようになってからも、車載用センサへの適用は困難とされてきました。しかし、170°Cの高温でも安定なGMR膜の開発がなされ、40mT

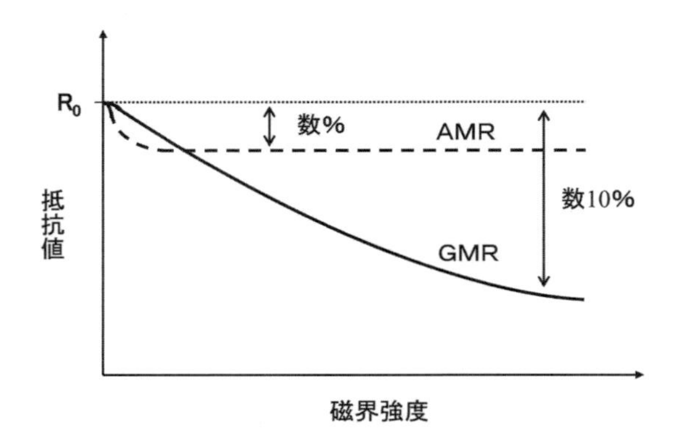

図4-2-17　AMR（強磁性体薄膜MRE）とGMRの抵抗変化特性

程度の磁束密度で約30％の磁気抵抗変化率を持つGMR素子と信号処理回路を1チップのセンサデバイスに集積した車載用回転センサが実用化されています。

一方、TMRの素子構造は、図4-2-18の模式図に示すように、上下電極の間に、1～2nmのきわめて薄い絶縁膜を挟んだ2つの強磁性膜と反強磁性膜を積層した構造です。このように十分薄い絶縁層を挟んだ強磁性体の両端に電圧を加えると、トンネル効果により電子が絶縁層を通過して、電流が流れます。このトンネル効果による電流は、外部磁界がない状態で、2つの強磁性膜の磁化の向きが反平行のとき

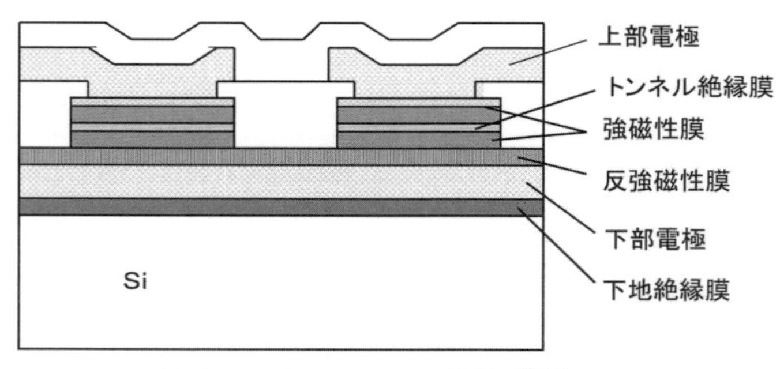

図4-2-18　TMRの素子構造

に流れにくく、外部磁界をかけて、磁化の向きを平行にすると流れやすくなる性質があり、外部磁界によって抵抗値が急激に変化します。TMRの素子構造においては、磁化の向きを平行にするのに必要な磁束密度は数mT程度であり、磁気抵抗変化率が100%を超えることも珍しくありません。このようにTMRは、わずかな磁界で大きな抵抗値変化が得られる、いわば0と1といったデジタル的な変化特性を持ちます。近年は、磁気記憶装置の磁気ヘッドのほかに、不揮発性メモリの一種であるMRAM（Magnetroresistive Random Access Memory）への適用が盛んですが、車載用センサへの応用研究もなされています。ここまで述べた中で、信号処理回路との集積化がなされ、車載用回転センサとして実用化されている、シリコンホール、強磁性体薄膜MRE（AMR)、GMRの3つの集積化センサについて、その特徴を表4-2-3に整理して示しておきます。

表4-2-3　車載用集積化回転センサの特徴比較

方式	Siホール	強磁性薄膜MRE（AMR）	GMR
感度	小	中	大
温度特性	大	中	小
停止位置検出	難	可能	可能
エッジ精度	劣る	良	良
耐熱性	劣る	優れる	良
集積化デバイスの製造工程	簡素	容易	複雑

4-3 MRE 方式の回転センサ

強磁性体薄膜の MRE（AMR 素子）を用いた回転センサは、自動車の様々なシステムの回転検出に幅広く使われています。この強磁性体薄膜の MRE による回転センサの代表的な構造を図 4-3-1 に示します。センサはこれまで説明したものと同様に、ギアロータに対向するように取り付けられます。ロータに対向するセンサの先端には、中空のフェライト磁石とその中空部にはめ込まれたセンサ IC が配置され、センサ IC の端子はコネクタターミナルに溶接されています。これらが、取り付け部を補強する金属パイプとともに、一体に樹脂モールドされて、コネクタハウジングと取り付け部が形成されます。

中空磁石にはめ込まれたセンサ IC は、図 4-3-2 の（a）に示すようなエポキシ樹脂のモールド IC で、MRE デバイスと信号処理回路が 1 チップに集積化されたセンサチップを内蔵しています。そのセンサチップが、図 4-3-2 の（b）に示すように、円筒磁石の中央部に穴を設けた中空磁石の中に挿入されることになるわけです。このような構造により、センサチップを磁石のきわめて近くに配置することができ、チップ内の MRE デバイスに、飽和磁界強度以上の磁界強度を容易に印加することができます。MRE デバイスは、チップ面に平行な面、すなわち、4-2-3 項の図 4-2-13 に示したように、X-Y 平面内における磁気ベクトルの向きの変化を検出することになります。

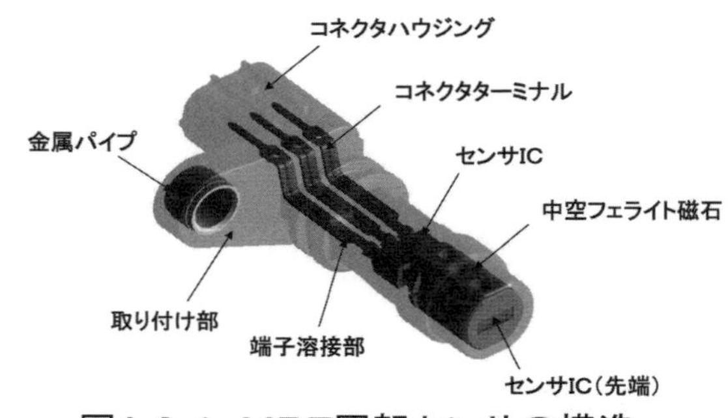

図4-3-1 MRE回転センサの構造

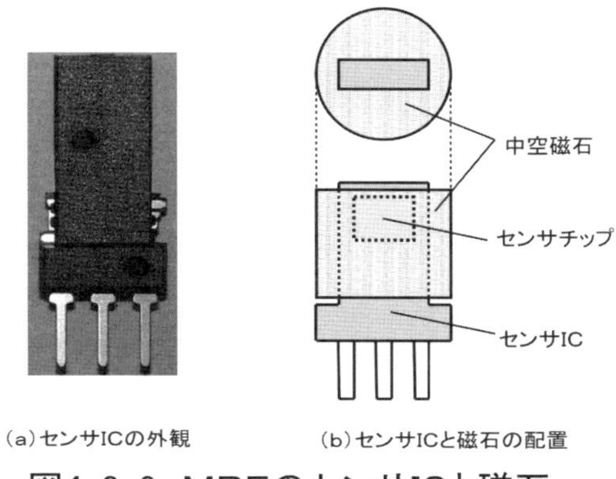

（a）センサICの外観　（b）センサICと磁石の配置

図4-3-2 MREのセンサICと磁石

4-3-1 回転検出の動作原理

MRE の回転センサが、ロータの山と谷をどのように検出するのか、その基本的な原理を図 4-3-3 に示します。図の左側に示すように、センサがギアロータの山に対向したときは、磁石からの磁界はロータに引かれてまっすぐに向きます。一方、谷に対抗したときは、図の右側に示すように、磁石は周りの磁性体の影響を受けずに、磁石本来の磁界が開く方向への曲がりを生じます。この磁界の向きの変化を MRE デバイスで検出することによって、ロータの山と谷が検出できます。

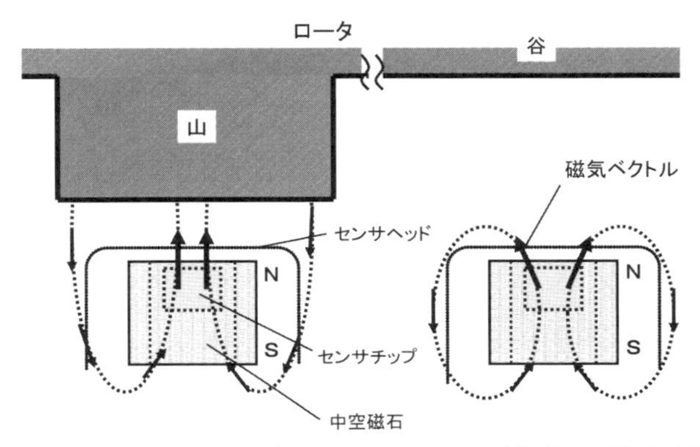

図4-3-3 MRE回転センサの山谷検出の基本原理

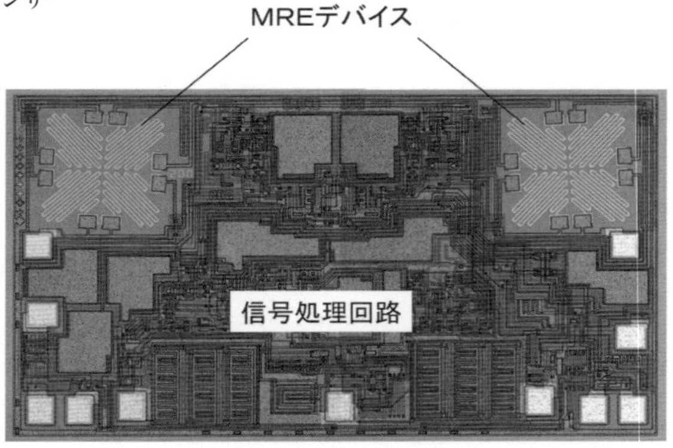

図4-3-4 MREのセンサチップ写真

この検出動作を以下に順を追って、さらに具体的に述べます。

① MRE デバイスの配置

まず、磁界の向きを精度よく検出するためのポイントとなる、MRE デバイスの配置について説明します。センサチップの写真を図4-3-4 に示します。MRE デバイスはセンサチップの上辺の両端に配置され、その間に信号処理回路が置かれています。

センサチップの一端に置かれた MRE デバイスは、図 4-3-5 の (a) に示すようなパターンレイアウトになっています。左上の RA1 と示した部分と右下の RA2 と示した部分が、合わせて 1 つの MRE デバイス (RA) となり、左下の RB1 と右上の RB2 が、もう 1 つの MRE

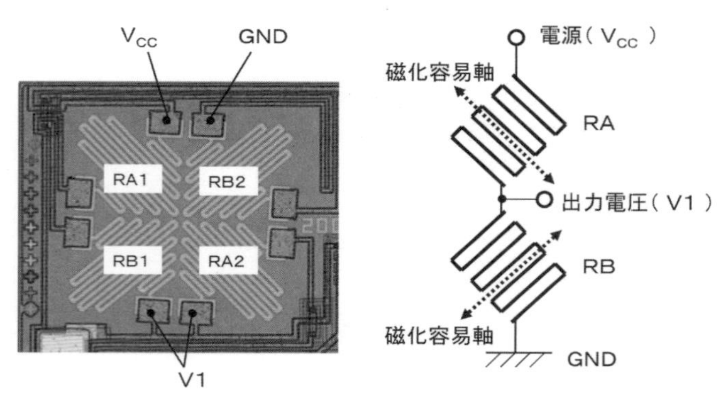

図4-3-5 MREデバイスのパターンと回路

デバイス(RB)になります。図でもわかるように、RAは磁化容易軸(抵抗の長手方向）が左45deg.に傾いており、RBは右45deg.に傾いています。そして、この２つのMREデバイスを、図4-3-5の（b）に示すように、電源（Vcc）とGNDの間に接続して、ハーフブリッジ回路を形成します。MREの抵抗温度特性は、4000ppm／℃程度ありますが、ブリッジ回路によって、この温度特性はキャンセルすることができ、磁気による抵抗値変化を検出することができます。

②ハーフブリッジ回路の出力

このような構成にすると、磁界が左45deg.に傾いたときは、RAは磁界が磁化容易軸方向のため抵抗値が最大となり、RBは磁界が磁化容易軸方向と直角のため抵抗値が最小となります。このため、ハーフブリッジ回路の中点の出力電圧は最小値をとります。逆に、磁界が右45deg.に傾いたときは、RAの抵抗値が最小となり、RBの抵抗値が最大となるため、ハーフブリッジ回路の出力電圧は最大となります。

このハーフブリッジ回路の磁界の向きに対する出力電圧変化は、以下のように計算できます。まず、図4-3-6の（a）に示すように、磁界の向きとMREデバイスとがなす角度を振れ角θ_1[deg.]として、RAとRBがともに対称で初期抵抗値および磁気抵抗変化特性が等し

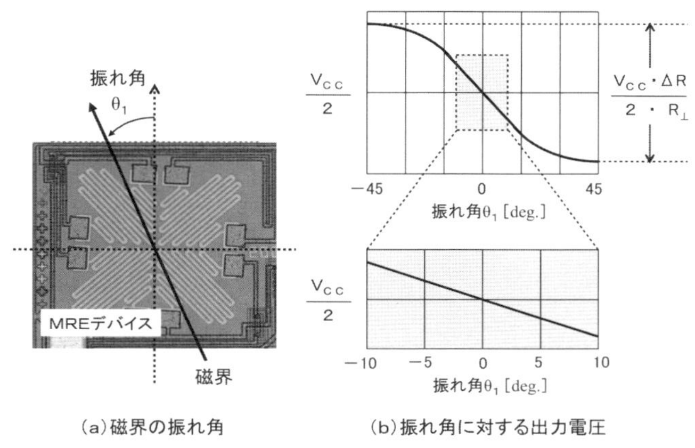

(a)磁界の振れ角　(b)振れ角に対する出力電圧

図4-3-6 ハーフブリッジ回路の出力電圧

いとすれば、4-2-3項の（4-9）式を使って、

$$RA(\theta_1) = R_\perp + \Delta R\cos^2(\theta_1 - 45) \cdots (4\text{-}10)$$

$$RB(\theta_1) = R_\perp + \Delta R\cos^2(\theta_1 + 45) \cdots (4\text{-}11)$$

と表せます。電源電圧をVccとし、ハーフブリッジ回路の出力電圧をV1とすれば、

$$V1(\theta_1) = V_{CC}\,RB(\theta_1) / \{RA(\theta_1) + RB(\theta_1)\} \cdots (4\text{-}12)$$

ですから、これに（4-10）式と（4-11）式を代入して、三角関数の和と積の定理を利用して整理をすると、

$$V1(\theta_1) = V_{CC}/2 - (V_{CC}/4)(\Delta R / R_\perp)\sin(2\theta_1) \cdots (4\text{-}13)$$

となります。振れ角 θ_1 に対するハーフブリッジ回路の出力電圧 $V1(\theta_1)$ を図に表すと、図4-3-6の（b）のようになります。（4-13）式からわかるように、$V1(\theta_1)$ の振幅電圧は、$V_{CC}/2$ を中心に $(V_{CC}/2)(\Delta R / R_\perp)$ となり、磁気抵抗変化率 $(\Delta R / R_\perp)$ に比例します。

また、この出力特性は、振れ角 θ_1 が小さければ、$\sin(2\theta_1) \fallingdotseq 2\theta_1$ [rad] と近似することができますから、

$$V1(\theta_1) \fallingdotseq V_{CC}/2 - (V_{CC}/2)(\Delta R / R_\perp)\,\theta_1\,[\mathrm{rad}] \cdots (4\text{-}14)$$

となり、θ_1 が±10deg.（$\pm\pi/18$[rad]）程度の範囲であれば、図4-3-6の（b）の拡大図にも示すように、ほぼ線形な特性になります。

③ギアロータの回転検出動作

センサチップのもう一端にも、全く同様のMREデバイスのハーフブリッジ回路を設けて、図4-3-7に示すように、それぞれのハーフブリッジ（MRE1、MRE2）を合わせてフルブリッジを組み、差動電圧Vdをとります。もう一端のMREデバイスにおける磁界の振れ角を θ_2 とすれば、差動電圧Vdは、

$$\begin{aligned} Vd &= V1(\theta_1) - V2(\theta_2) \\ &= (V_{CC}/4)(\Delta R / R_\perp)\{\sin(2\theta_2) - \sin(2\theta_1)\} \\ &\fallingdotseq (V_{CC}/2)(\Delta R / R_\perp)(\theta_2[\mathrm{rad}] - \theta_1[\mathrm{rad}]) \cdots (4\text{-}15) \end{aligned}$$

となり、両端のMREデバイス上に発生する磁界の振れ角の差 $(\theta_2 - \theta_1)$ に比例した出力電圧が得られます。

このようなセンサチップと磁石をギアロータに対向して近接させる

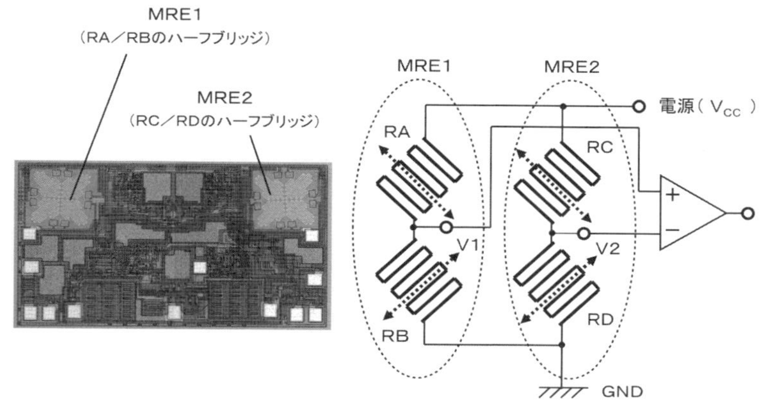

図4-3-7 フルブリッジ回路による差動演算

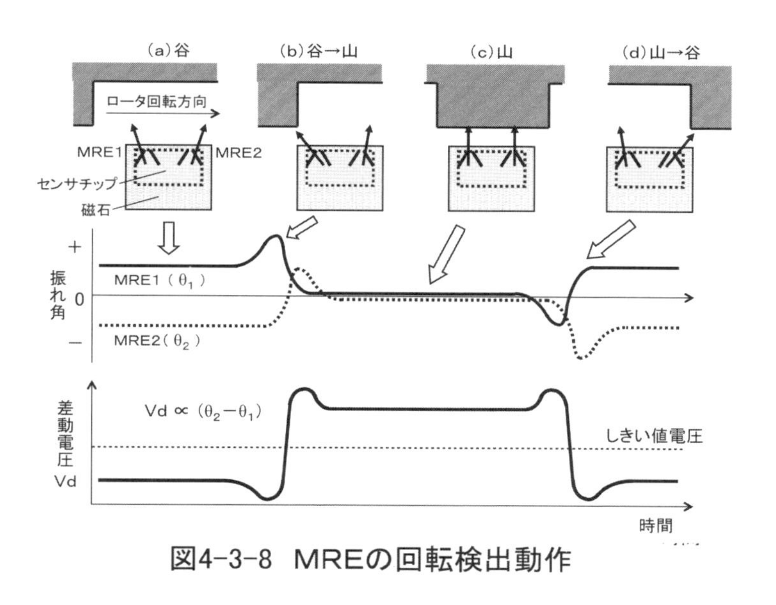

図4-3-8 MREの回転検出動作

ことにより、図4-3-8に示すように、ロータの山と谷に応じた出力電圧を得ることができます。図の上部には、ロータに対してセンサチップが、(a) 谷に対向した場合、(b) 谷から山へのエッジに近づく場合、(c) 山に対向した場合、(d) 山から谷へのエッジから遠ざかる場合、それぞれについて、ハの字で示したセンサチップ両端のハーフブリッジ（MRE1、MRE2）上に生じる磁界の向きを矢印で示しています。その下に、この磁界の向きの変化を、MRE1、MRE2のそれぞれの振れ角θ_1、θ_2で表したものを示し、これらの差（$\theta_2 - \theta_1$）に比例して得られる差動出力Vdを図の一番下に示します。差動出力Vdの変化をみると、山と谷のエッジにおいて急峻な電圧変化が得られ、山と谷の検出だけでなく、これらのエッジも精度良く検出できることがわかると思います。

④ MREデバイスの配置設計

MREの回転センサは、磁石とロータから成る磁気回路の磁気ベクトルの振れを検出するため、磁気ベクトルの振れ対してMREの抵抗変化を最も大きく取れるように、MREデバイスを最適配置する必要があります。この設計には、磁気回路シミュレーションが使用されます。

図4-3-9に示すように、ギアロータおよび磁石を3次元のソリッドモデルで作成し、MREデバイスが配置される箇所を空間要素として配置します。これを磁気回路の計算ソフトで解析し、MREデバイス上の磁束分布を求めます。解析はロータを少しずつ回転させて行い、ここから、磁束密度と振れ角の変化を計算します。次に、これらの値からMREデバイスの抵抗値変化を計算によって求め、MREデバイスの配置の最適化設計を行います。

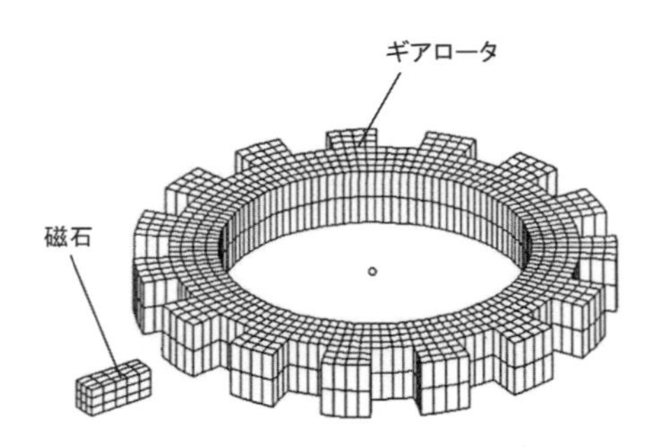

図4-3-9 ギアロータと磁石のモデル図

4-3-2 MRE デバイスの製造技術

MRE デバイスと信号処理回路を含む集積化センサチップの製造工程フローの一例を、図 4-3-10 に示します。信号処理回路部は、バイポーラ素子の回路からなり、磁気検出部の MRE デバイスには、磁歪定数がほぼ 0 という特長を持つパーマロイ（81Ni-19Fe 合金）の薄膜を用いています。MRE デバイスの磁気特性は、材料組成だけでなく、その膜厚や形状（線幅、長さ）、パターンレイアウトなどにも左右されます。飽和磁界強度を小さく、かつ感度を高くするように膜厚や形状を設計して、加工条件を定めます。

この構造の特長は、工程フローの断面構造に示す様に、MRE 薄膜（数十 nm）との接続部となる配線材料の Al 膜（約 1 μ m）の端部をテーパー状にエッチングして、その上にパーマロイ薄膜を蒸着していること

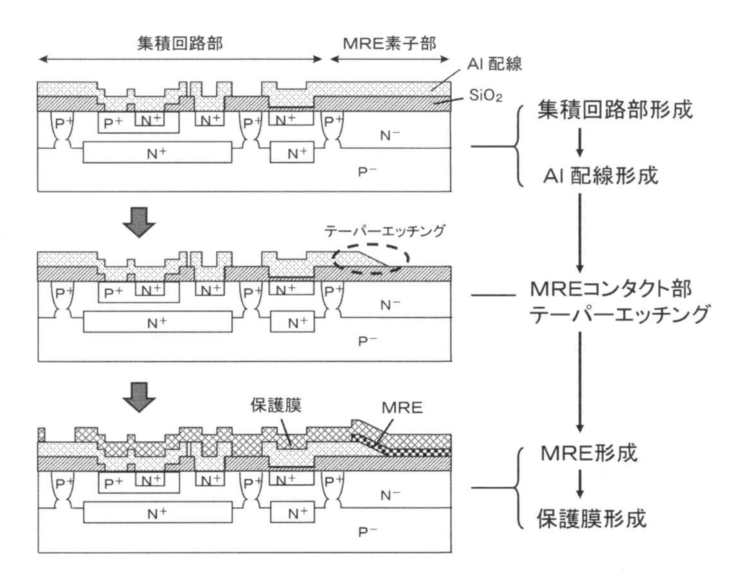

図4-3-10 MREセンサチップの製造工程フロー

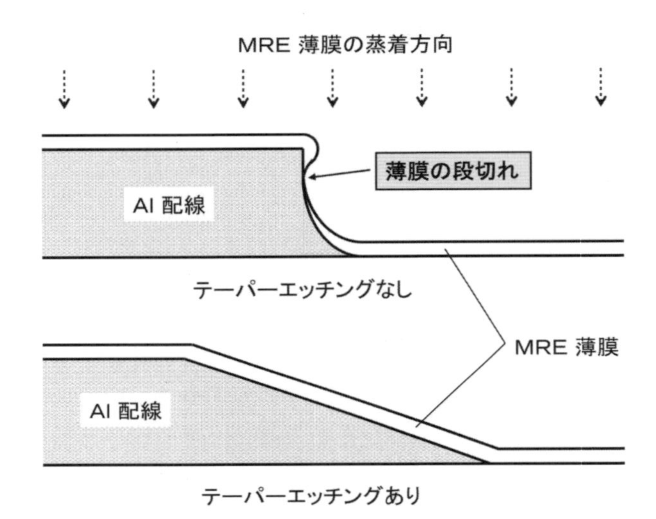

図4-3-11 MRE薄膜のステップカバレージ

とにあります。これは、図4-3-11に示すように、Al端部でのMRE薄膜をステップカバレージよく堆積して、Alの段差によるMRE薄膜の途切れ(段切れ)を防止するためです。所望のAl配線のテーパー形状を得るためには、エッチングレジストの加工条件やエッチング時間、エッチング液の管理（組成、温度、液寿命など）が重要です。

MRE薄膜は、蒸着によりウェハ上に堆積され、フォトエッチングによるパターンニングで、MREデバイスが形成されます。このプロセスの要点は、蒸着とその後の熱処理です。MREデバイスの磁気特性は、膜組成に大きく依存するため、蒸着材料や蒸着条件（真空度、温度、時間など）の管理と不純物混入などに注意することが必要です。また、MREの特性は熱によって変動し易いため、MRE薄膜を蒸着した後の熱処理に充分注意することが重要です。

4-3-3 MRE 回転センサの信号処理回路

MRE 回転センサの信号処理回路は、主に、4-3-1 項で述べた MRE デバイスのフルブリッジ回路の差動出力から得られる信号（ギアロータの山谷に対応した信号）を増幅する回路と、その出力信号を２値化信号に変換する波形整形回路からなります。また、クランク角センサなどの回転センサは、電源がバッテリーから直接供給されるため、車両の誘導性負荷の断続によって発生するサージ電圧などエネルギーの大きい電気雑音電圧やバッテリーの逆接続などで故障しないことが求められ、回路素子をこれらの電気雑音から保護する回路が必要となります。

信号処理回路の一例として、クランク角センサでの例を図 4-3-12 示します。電源端子（V_B）と出力端子（OUT）には､保護抵抗とチップコンデンサが接続され、サージ電圧などによるセンサチップ内の回路素子の破壊を防止します。保護抵抗には、サージ電圧で破壊しないような十分な耐電圧（概ね 200V 以上）が必要ですが、IC チップ内の拡散抵抗などでこの耐電圧を得ることは難しいため、通常は外付け

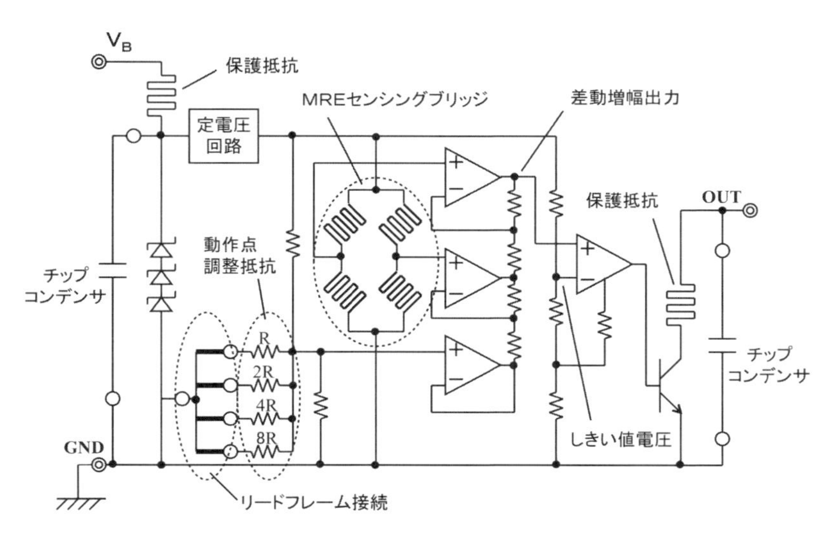

図4-3-12 MRE回転センサの信号処理回路

のチップ抵抗などが必要となります。しかし、MRE 回転センサの場合、MRE そのものが絶縁膜上に形成された素子のため十分な耐電圧を持っており、これを保護抵抗としても利用することができます。つまり、MRE と同じ NiFe 膜からなる抵抗を保護抵抗として、センサチップ内に内蔵することができます。一方、チップコンデンサは、図 4-3-13 に示すように、センサ IC のリードフレーム上に搭載され、センサチップとともに一括して樹脂モールドされます。

図 4-3-12 の回路の特徴は、MRE デバイスによるセンシングブリッジの差動出力から十分大きな信号振幅が得られるため、差動出力信号を 2 値化するためのしきい値電圧に、固定のしきい値を用いていることです。これにより、回路は非常に簡素な構成となり、またロータ停止時にも、ロータの位置（山あるいは谷）を判別する信号を出力することができます。

この回路では、MRE デバイスの特性ばらつきによるオフセット電圧変動に対する調整も、極めて簡単な方法を用いています。図に示したように、4 本の調整抵抗（R ～ 8R）が、それぞれリードフレームで GND 端子に接続してあり、このリードフレームを機械的に切断するか否かで、差動増幅出力の動作点を 16 段階に変更できるようにしてあります。これによって、固定のしきい値電圧対して、差動増幅の信号電圧レベルを調整するわけです。図 4-3-13 にセンサ IC を示しましたが、そのセンサ IC の両側に露出したリードフレーム部分がこれにあたります。このような非連続の簡単な調整回路を用いることができるのも、MRE の

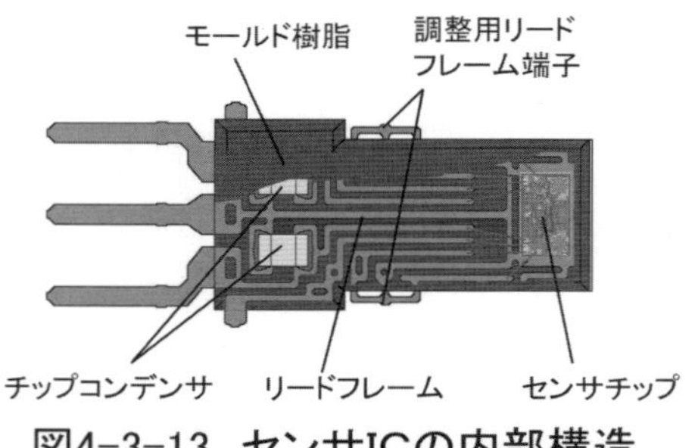

図4-3-13 センサICの内部構造

センシングブリッジ出力から十分に大きな信号振幅が得られるためです。
信号振幅が小さい場合は、4-2-2項のシリコンホール方式のところでも述べたように、ロータの山と谷に対応した信号の変化分だけを取り出す信号処理が必要となります。これは、ロータとセンサ間の取り付けギャップのばらつきなどにより、オフセット電圧の変動があり、これによって信号電圧がシフトするため、固定されたしきい値電圧では、信号振幅がしきい値に掛からなくなってしまうからです。このような場合は、ハイパスフィルタなどを使って直流のオフセット電圧をカットするか、信号振幅の極大値と極小値を検出して、これらの値の間にしきい値を追従させる回路が必要になります。繰り返しになりますが、このような回路では、信号が変化しなければ2値化信号を出力できませんので、ロータが停止した状態での位置検出はできなくなります。信号振幅の極大極小検出によるしきい値追従型の2値化信号処理回路として、その一例を図4-3-14の回路ブロック図に示します。この回路は、実際には多くの素子を必要とする規模の大きな回路となるため、集積度の高いC-MOSの集積回路チップが使われます。

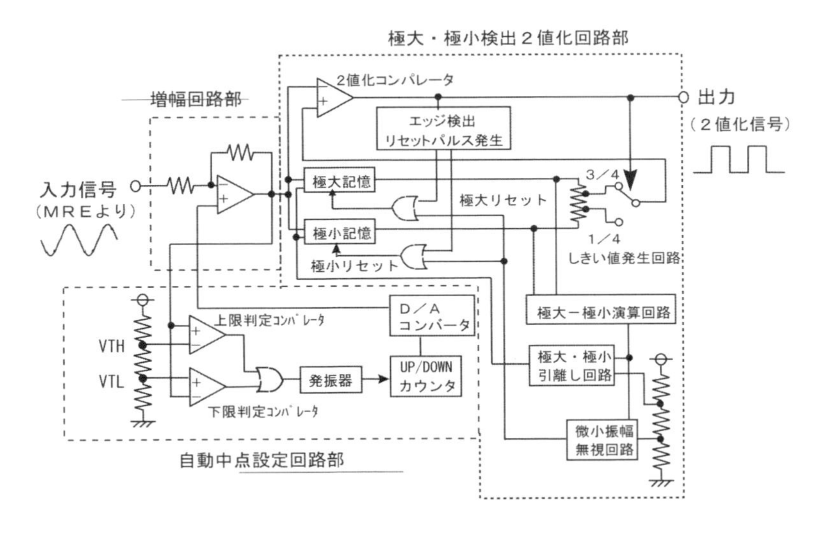

図4-3-14 しきい値追従型の2値化信号処理回路

4-4 MRE回転センサのパッケージング技術

MREセンサは、これまで述べたように磁界を検出するセンサですので、圧力センサのように検出媒体の圧力を直接あるいは間接的に受圧する構造や、加速度センサのように可動部を中空で封止するというような特異な構造を形成する技術は必要ありません。このためパッケージング技術としては、センサICや磁石などの構成部品を、樹脂などの非磁性材料でいかに封止するかという点が中心になります。その封止方法としては、通常、耐加水分解性や耐薬品性など化学的なアタックに強く、機械的な強度にも優れたPPS樹脂によるインサート成形が用いられます。この成形において重要な点は、磁気回路のばらつきを極力小さく抑えるために、センサICと磁石を高精度に位置決め（概ね±0.1mm以下）して成形することと、外部から水やオイルなどが浸入しないように、センサICなどの構成部品をPPS樹脂でシームレスに封止することです。このような要求に応えられる封止成形技術として、加熱ピン抜き成形、2次溶着成形、レーザ溶着といった技術があり、これら3つの封止成形技術について述べたいと思います。

4-4-1 加熱ピン抜き成形

まず、ゴルフボールの成形などに用いられる、通常のピン抜き成形の概要を図4-4-1に示します。ピン抜き成形は、インサートする部品をピンで保持した状態で、溶融樹脂を射出して充填します。そして、樹脂が固化する前に保持ピンを抜き、ピンの穴は周辺の溶融樹脂によって埋められることによって、インサート部品が所定の位置に封止成形されます。しかし、通常のピン抜き成形では、保持ピンの穴の跡に埋まる樹脂の融着がどうしても不十分であり、車載用の製品に適用できる封止レベルが得られませんでした。

このピン抜き跡の樹脂を確実に融着して封止するのが、加熱ピン抜き成形の技術です。図4-4-2に加熱ピン抜き成形技術の要点を示します。加熱ピン抜き成形は、インサート部品を保持するピンにヒータ機構を

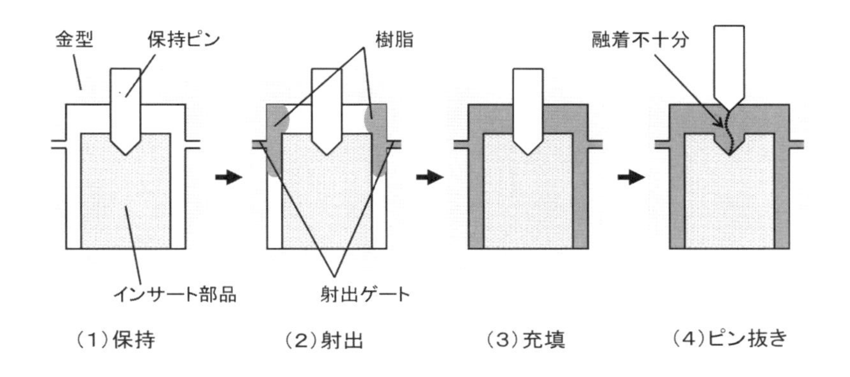

図4-4-1　ピン抜き成形

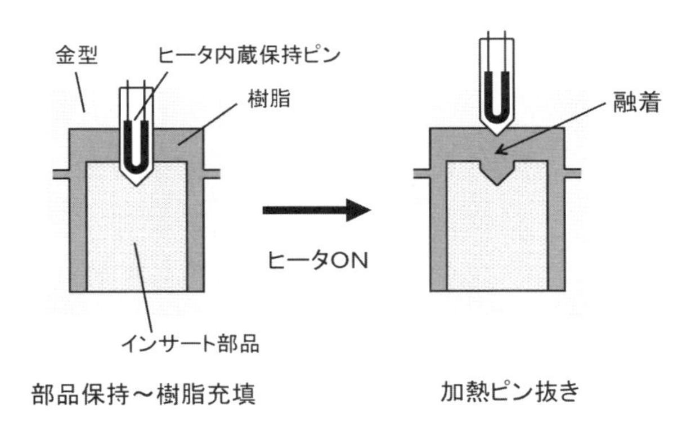

図4-4-2　加熱ピン抜き成形

内蔵して、金型内に溶融樹脂を射出充填した後に、保持ピンを加熱しながら引き抜きます。射出成形では、樹脂が隙間なく充填されるように、射出充填後の樹脂が固化する過程でも、金型内に一定の圧力をかけます。この保圧過程で、ピンを抜いた跡の穴に樹脂が流し込まれます。このとき、ピンや金型などに接していた樹脂の最表面は既に固化が始まっていますが、その薄く固化した層をピンの加熱によって再溶融させ、ピンの抜き穴に流れ込む樹脂の融着を確実なものにします。

保持ピンの加熱は、部品を保持した状態で最初から加熱すると、部品が熱変形して保持できなくなるため、ピンを抜くタイミングに合わせて加熱を開始する必要があります。この場合、ピンに接した部分で一度固化した樹脂を融点以上にして再溶融させるため、ピンの加熱は、急速にかつタイミングよく行う必要があります。

加熱ピン抜き成形による MRE 回転センサの構造を図 4-4-3 に示します。中空磁石にセンサ IC がはめ込まれ、これらがインサート部品として封止成形されます。インサート成形は、図 4-4-4 に示すように、3 方向からの保持ピンで位置決めする加熱ピン抜き成形が用いられています。また、図には示されていませんが、磁石の周辺には部分的に成形樹脂厚の薄い部分を設けて、樹脂が硬化する際に、この薄肉部の樹脂が先に硬化することによって、ピンを抜く前に磁石が位置決め固定されるようにしています。これによって、磁石とセンサ IC は、±0.1mm 以下という高精度な位置精度で成形され、かつ、防水性に優れたシームレスな封止がなされます。

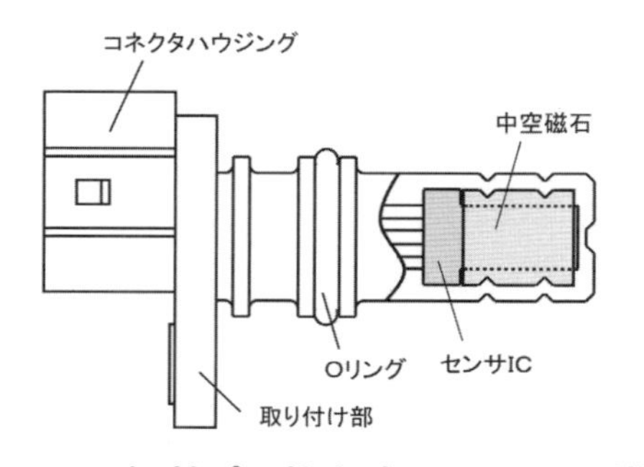

図4-4-3 加熱ピン抜き成形のセンサ構造

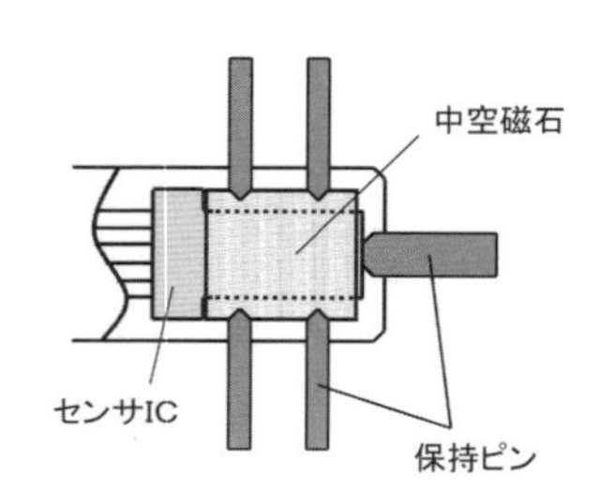

図4-4-4 保持ピンの配置

4-4-2 2次溶着成形

2次溶着成形は、予め成形した部品（1次成形品）をさらに成形樹脂でオーバーモールド（2次成形）して、1次成形品を2次成形樹脂で溶着して一体化するものです。

2次溶着成形によるMRE回転センサの構造を図4-4-5に示します。まず、中空磁石とそこにはめ込まれたセンサICをPPS製の樹脂キャップの中に挿入固定します。これらを2次成形の金型にセットして、樹脂キャップにオーバーモールドをかけて溶着するとともに、コネクタハウジングや取り付け部を成形します。磁石とセンサICは樹脂キャップによって金型に固定されるため、精度の良い位置決めができます。

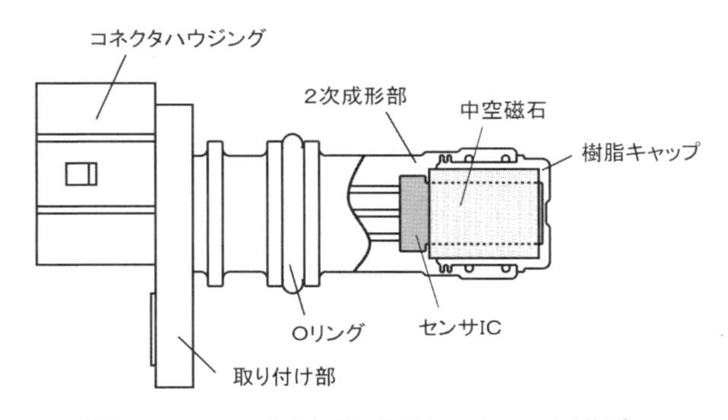

図4-4-5 2次溶着成形のセンサ構造

2次成形樹脂による溶着は、2次成形時の溶融樹脂で樹脂キャップの一部を再溶融させて溶着するわけですが、これを切れ目なく確実に溶着するためには、部品形状や成形条件などに工夫が必要です。その一例として、樹脂キャップの形状の詳細について図4-4-6に示します。樹脂キャップには、その円周上に溶着用のリブを設けます。この溶着

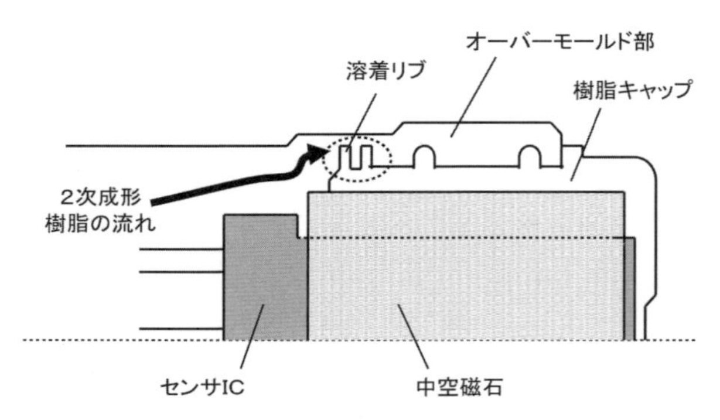

図4-4-6 2次溶着成形の詳細

リブは、オーバーモールド部分のちょうど溶融樹脂が流れ込む入り口に配置され、できるだけ温度の高い樹脂と接するようにします。さらに、この部分の流路を狭め、溶融樹脂の流速を高めることによって、溶融樹脂自体の熱だけでなく摩擦熱も有効に得られるようにしています。これらの工夫によって、溶着リブが全周にわたって再溶融して2次成形樹脂と溶着するため、切れ目のない防水性に優れたシールが得られます。

4-4-3 レーザ溶着

レーザによる樹脂溶着は、現在では一般的な加工法として様々な分野で活用されています。MREの回転センサでも、レーザの透過性に優れたPPS樹脂が開発され、レーザ溶着による封止を採用しているものがあります。図4-4-7にレーザ溶着の概要を示します。キャップに透過性PPS樹脂を用い、これをケースに接触させて加圧します。この状態でキャップを透過して接触面にレーザを照射すると、まず、ケースのPPS樹脂がレーザ光を吸収するため、加熱されて溶融します。その溶融樹脂の熱がキャップ側に伝導し、キャップ樹脂も溶融して両者が溶着します。

レーザ溶着は、数秒程度の加工時間で接合ができるため、接着剤による樹脂部品同士の接合に替わって、ますます利用されることが多くなると思われます。

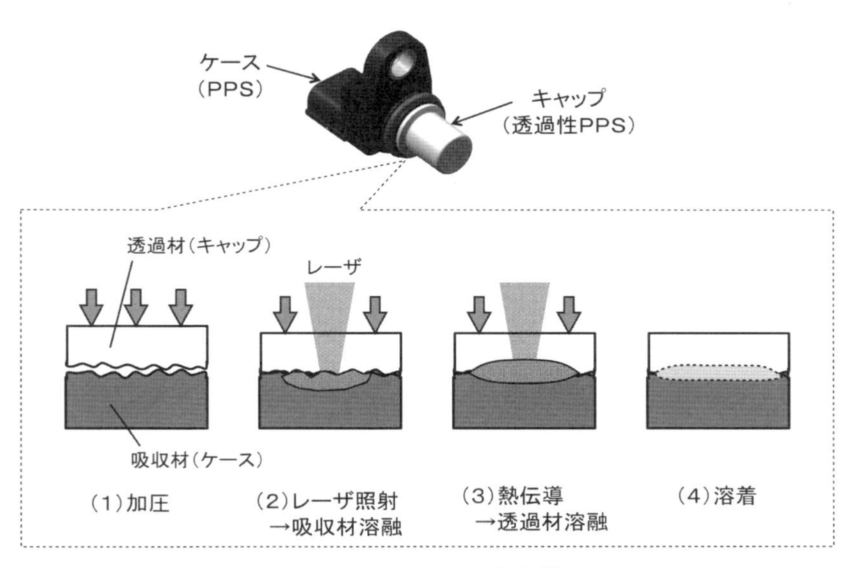

図4-4-7 レーザ溶着

◉参考文献

太田実、他
自動車用センサ、山海堂、2000

三谷消三、他
エンジン電装品、山海堂、1996

森泉豊栄、中本高道
センサ工学、昭晃堂、1997

高橋清、伊東謙太郎
基礎センサ工学、電気学会、1990

本間基文、日口章、他
磁性材料読本、工業調査会、1998

Y.Suzuki,I.Yokomori
Sensors for Automotive Technology,7.10.Cam and Crank-Angles Sensors,WILEY-VCH,2003

深見達也、他
GMR 素子の回転センサへの応用、三菱電機技報、Vol.74 No.9 2000

尾上勉、他
インサート成形に防水シール性を付与する加熱ピン抜き成形技術、デンソーテクニカルレビュー、Vol.6 No.2 2001

第5章
光センサ

5-1 光センサの用途

車載用の光センサの用途全般について概説します。光センサは、一般的には光量（明るさ）を検出するのが目的のセンサですが、光量を検出手段として、そこから種々の物理情報を得る目的でも、光センサは使われています。車載用の光センサは、様々な用途に使われていますが、これらを検出目的別に整理したものを表 5-1-1 に示します。検出目的は大きく次の 3 つに分けられます。

まず、第 1 は、光量を検出すること自体が目的のセンサで、空調制御用の日射センサやライト制御用のオートライトセンサがこれにあたります。第 2 は、物体の表面温度を検出するのが目的のセンサで、物体から放射される赤外線を検出することにより、非接触で物体の表面温度

表5-1-1 車載用光センサの主な用途

<table>
<tr><th colspan="2">検出目的</th><th>センサ</th><th>システム</th></tr>
<tr><td colspan="2" rowspan="4">光量
（明るさ）</td><td>・日射センサ</td><td>空調制御</td></tr>
<tr><td>・オートライトセンサ</td><td>ライト制御</td></tr>
<tr><td>・ライトセンサ</td><td>空調／ライト制御</td></tr>
<tr><td>・周囲光センサ</td><td>自動防眩ミラー</td></tr>
<tr><td colspan="2">表面温度</td><td>・赤外線温度センサ</td><td>空調制御</td></tr>
<tr><td rowspan="6">物体の有無／位置</td><td>回転数</td><td>・回転センサ</td><td>エンジン制御他</td></tr>
<tr><td>雨滴</td><td>・レインセンサ</td><td>オートワイパ制御</td></tr>
<tr><td>タバコの煙</td><td>・スモークセンサ</td><td>空気質制御（エアピュリファイア）</td></tr>
<tr><td>車両</td><td>・レーザレーダ</td><td>クルーズコントロール</td></tr>
<tr><td>周辺画像</td><td>・周辺監視カメラ
（イメージセンサ）</td><td>バックモニタ
駐車支援システム
レーンキープシステム</td></tr>
<tr><td>歩行者</td><td>・赤外線カメラ</td><td>ナイトビジョン</td></tr>
</table>

を計測する赤外線温度センサがこれにあたり、自動車の空調制御で使われることが多くなっています。最後の３つ目は、光の強度変化や位相差から物体の有無や位置などを検出するのが目的のセンサです。これには、フォトインタラプタを用いてスリットの有無を検出する単純な回転センサから、数十万素子あるいはそれ以上の数のイメージセンサを用いて画像情報を得る車載カメラに至るまで、多岐にわたっていますが、特に安全制御分野において欠かせないセンサが近年多くなっています。

このように光センサの用途は数多くありますが、この中から、自動車用として特徴的なセンサのいくつかについて、少し詳しく述べます。

5-1-1 日射センサ

日射センサは、乗員や車室内にあたる日射の強さを検出するものです。オートエアコンの車室温度の制御は、車室内と車室外の温度を検出するとともに、太陽の直射光によって体感温度が異なるため、これを補正するために日射センサが用いられます。乗員に直接日光が当たると、実際の室温以上に暑く感じるため、空調温度を涼しめに制御するとともに、風量も多めに制御して、快適な温度感覚が得られるようにしています。

日射センサの外観の一例を図 5-1-1 に示します。日射センサは、図 5-1-2 に示すように、通常運転席側のダッシュパネル上に取り付けられており、日射光量（照度）に比例した信号を出力します。

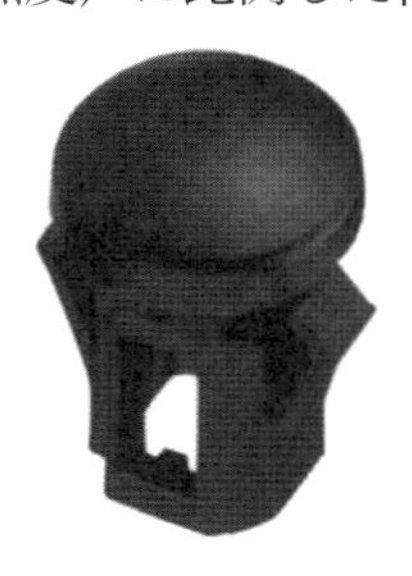

図5-1-1 日射センサの外観

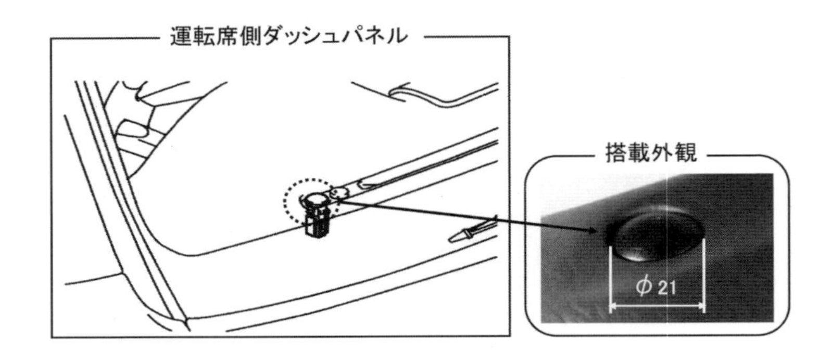

図5-1-2 日射センサの搭載位置

5-1-2 オートライトセンサ

オートライト制御は、周囲の明るさに応じて自動的にヘッドランプとテールランプの点灯、消灯を行うシステムで、例えば、トンネルが連続した場合などに、手動による煩雑な点灯、消灯の切替えから運転者を開放することによって、利便性と安全性の向上を提供するものです。基本機能としては、オートライトセンサにより周囲の明るさの変化を感知して、薄暮時にはまずテールランプを点灯させ、さらに暗くなるとヘッドランプを自動的に点灯させます。また、この装置は、車両を駐車した時のランプの切り忘れ防止の機能も持っています。

さらに、ディスチャージヘッドランプなど照度の高いランプの採用により、車両停車時に対向車や歩行者に対する眩しさを軽減するため、ヘッドランプを自動的に減光する機能を加え、ヘッドランプの点灯、減光、消灯をフルオートで制御することができるシステムも実用化されています。

オートライトセンサの外観の一例を図5-1-3に示します。オートライトセンサは、日射センサと同様に、通常運転席側のダッシュパネル上に取り付けられ、周囲光の照度に応じて定められた周波数変調信号を出力します。

オートライトセンサと日射センサは、出力特性などの要求仕様に違いはありますが、周囲光の照度を検出することは基本的に同じですので、光のセンシング部を統合して両者の機能をあわせ持つようにしたのがライトセンサです。ライトセンサにより、従来ダッシュパネル上に設置されていた２個のセンサが１個となるため、経済性だけでなく意匠上でも見栄えの向上が図れます。

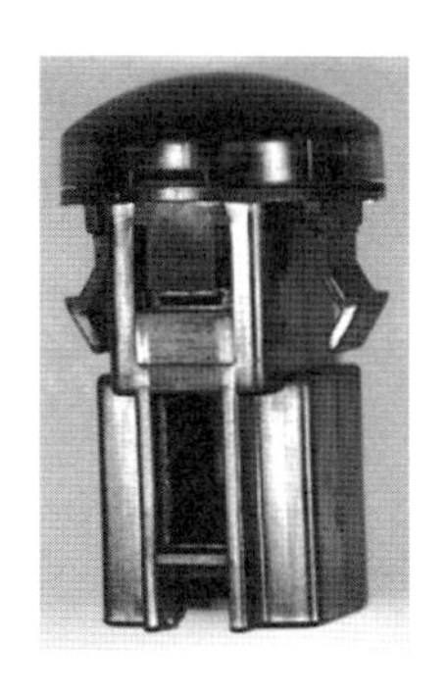

図5-1-3 オートライトセンサの外観

5-1-3 赤外線温度センサ

オートエアコンシステムは、内気センサ、外気センサ、日射センサの３つのセンサと温度設定値から必要吹き出し温度値を演算して、必要吹き出し温度値に基づいて吹き出し空気温度、吹き出し風量、吹き出し口などを総合的に制御した空調を行っています。これに対して、赤外線温度センサを用いて、乗員表面温度および窓ガラス、シートなどの内装、天井の部位の表面温度（輻射）を直接検出することで、従来のセンサシステムに比べて、より乗員の温感を考慮した空調を行うことができるシステムが実用化されています。

例えば、冬場の外気温が低い状態のとき、乗員が一時的に車外に出て再乗車した場合、従来の内気温センサでは車室内の空気温度を検出しているため、乗員の温度に応じた制御はできません。これに対して、赤外線温度センサは、冷えた乗員表面温度を検出できるため、より暖房状態を強くするよう補正制御することができ、乗員の温感の回復を短時間で行うことができます。

また、冬場の外気温が低い状態で、特に車速が高い場合には窓ガラス表面の温度は著しく低下します。このガラス面からの冷輻射の影響で、乗員の窓側の温感が低下して、肌寒さを感じる現象が発生します。このとき、従来の内気温センサでは、ガラスからの輻射を検出することができませんが、赤外線温度センサは窓ガラスの表面温度を検出することで輻射分の空調補正を行うことが可能となります。

このようなことは、夏場の暑いときにおいても、温感と冷感は逆ですが、同じようなことが言え、乗員の乗り込み時の乗員熱履歴に対応した補正や窓ガラスからの輻射に対する補正を行うことができるため、乗員の温度感覚に合った空調制御が実現できます。

赤外線温度センサは、物体から放射される赤外線を検出することにより、非接触で物体の表面温度を検出するセンサであり、センサの温度検出視野内の各物体（測温対象物）温度を略平均温度として検出するものです。このセンサ素子をマトリックス状に配置すれば、空間分解能を上げることができ、例えば運転者と同乗者、あるいは乗員と窓ガラスといったように、測温対象物を区別することができますので、乗員一人ひとりの温冷状態を検知して、よりきめ細かい制御により快適性をさらに向上させる空調が実現できます。

赤外線温度センサの温度検出方式には、種々の方式がありますが、車載用として用いられている赤外線温度センサは、サーモパイル方式と呼ばれる、いわゆるゼーベック効果による熱電対の温度検出原理を用いたものです。そのセンサの例を図 5-1-4 に示します。センサのキャップには、赤外線フィルタが設けられており、特定の波長の赤外光のみをセンサチップ上に導きます。

センサチップの構造を図5-1-5に示します。これはちょうど、圧力センサのシリコンダイアフラムをすべてエッチングで除去して、シリコン上の絶縁薄膜だけを残した構造になっています。チップの中央部に残された薄膜は、シリコン窒化膜などで形成されており、チップ周辺とは熱的に極めて高い絶縁性を持たせています。その薄膜中央部の上には、直列に接続された多数のサーモパイル対の温接点側と赤外線吸収膜を形成して、チップ周辺部上に冷接点側を配置しています。サーモパイルは、N型多結晶シリコンとP型多結晶シリコン、もしくは、Al膜とで形成されることが多く、赤外線吸収膜には、赤外線吸収率が90%以上という高吸収率のAu - black膜などが用いられます。

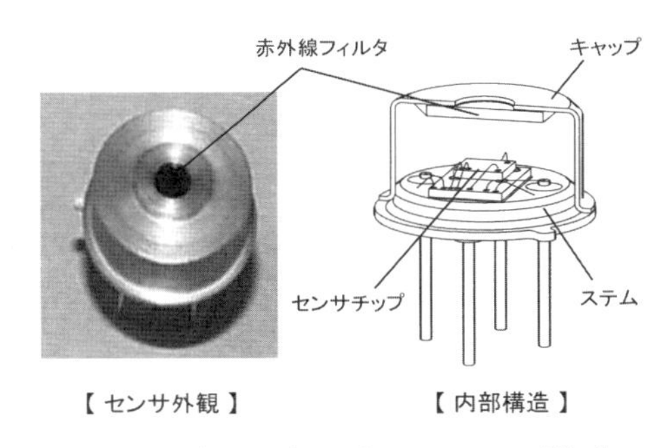

図5-1-4 赤外線温度センサの構造

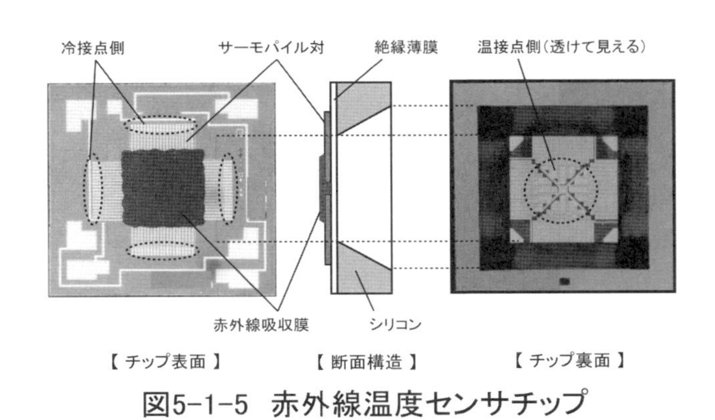

図5-1-5 赤外線温度センサチップ

この構造により、センサチップの薄膜上に導かれた赤外線のエネルギーは効率よく熱に変換され、その熱がサーモパイルによって電圧信号に変換されます。例えば、N 型多結晶シリコンと Al 膜を直列に 50 段つないだサーモパイルにおいて、赤外線により温接点側が冷接点側に比べて 1℃上昇した場合、N 型多結晶シリコンのゼーベック係数を－100 μ V ／ K、Al のゼーベック係数を－3.2 μ V ／ K とすれば、このサーモパイルに発生する起電力Δ V は、ゼーベック係数差×温接点と冷接点の温度差×サーモパイル段数で与えられ、4.84mV となります。

5-1-4 レインセンサ

レインセンサは、雨の量を検出して、ワイパの作動を自動で制御するオートワイパシステムに使用されています。オートワイパシステムは、雨の量に応じて、ワイパの停止と作動、および作動モードの間欠、低速、高速をフルモードでカバーして制御するシステムです。また、運転者が、雨量に応じた払拭フィーリングを自分の好みに合わせられるよう、調節ボリュームによる感度調整も可能になっています。

レインセンサはフロントウインドの中央の上部に搭載され、ワイパの払拭エリアの雨を直接検出します。検知方式は雨の降り始めやまばらな雨でも検出可能な赤外線方式を採用しています。レインセンサの構造を図 5-1-6 に示します。赤外線の発光素子(LED)と受光素子(PD:フォトダイオード)、光路を形成するプリズム、およびマイコン搭載のコントローラから構成されています。

発光素子から出た赤外線は、雨滴の無い状態ではフロントウインドで全反射しますが、雨滴があると、赤外線の一部が外部に透過して、受光素子へ入る赤外線の量が低下します。雨滴が多くなるほど赤外線の受光量が低下しますので、この低下量により雨量を判定します。この雨量信号に基づいて、ECU のアルゴリズムでワイパの払拭間隔と払拭スピードを制御して、大多数の運転者の感性に合った払拭フィーリングを実現しています。

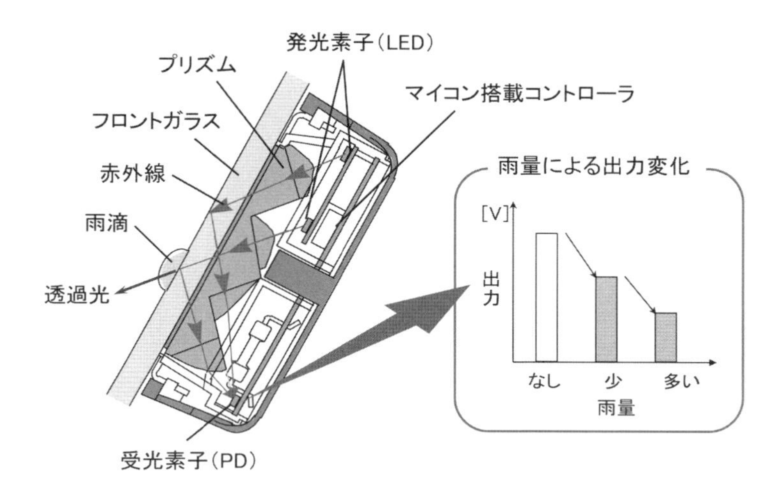

図5-1-6 レインセンサの構造と検出原理

5-1-5 レーザレーダ

レーザレーダは、運転の安全性、利便性を提供する運転支援システムの代表的な例である、アダプティブクルーズコントロール（ACC）に使用されています。ACCは設定された車速を維持するだけでなく、車間距離を検出するレーザもしくはミリ波によるレーダセンサを用いて、自車線上の先行車を検出して、自車と先行車との車間距離を制御するシステムです。車速に応じた適切な車間距離を保ちながら、先行車に対する追従走行を行います。

図5-1-7にスキャン式レーザレーダユニットの外観写真を示すとと

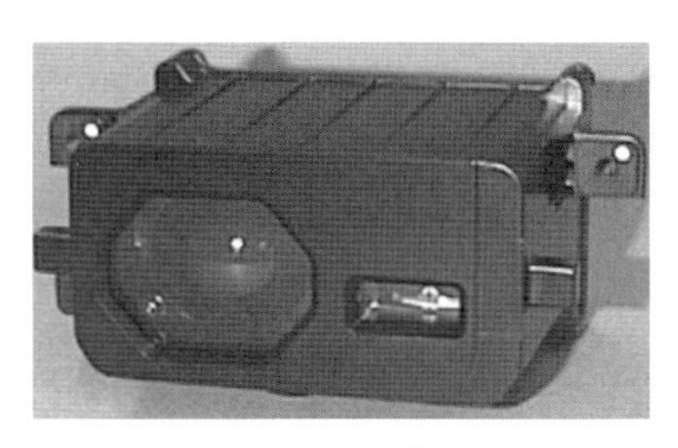

図5-1-7 レーザレーダユニットの外観

もに、その内部構造を図5-1-8示します。レーザ光を発生するレーザダイオードと、レーザ光をスキャニングさせるためのポリゴンミラー、対象物から反射された光を検出するフォトダイオード、およびこれらを制御する信号処理回路などから構成されています。レーザ光が、先行車のリフレクタなどから反射して戻ってくるまでの時間から検出される距離、および照射角度（スキャニング角度）の情報データを演算することで、走行車線上の先行車の有無、先行車との距離、相対速度を算出します。レーザ光のスキャンニングは、ポリゴンミラーをDCモータで回転させて、ポリゴンミラーの各面の回転角で水平方向にレーザ光をスキャンし、ミラーの各面の傾斜角度が異なることによって上下方向にスキャンしています。

レーザレーダのキーデバイスであるレーザダイオードの構造を図5-1-9に示します。レーザダイオードは、AlGaAsとGaAsの積層構造を持つ高出力のレーザダイオードチップが、単結晶のGaAsのサ

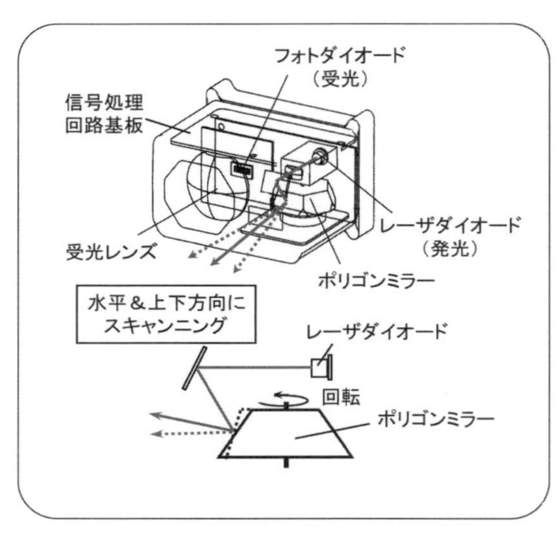

図5-1-8 レーザレーダの構造

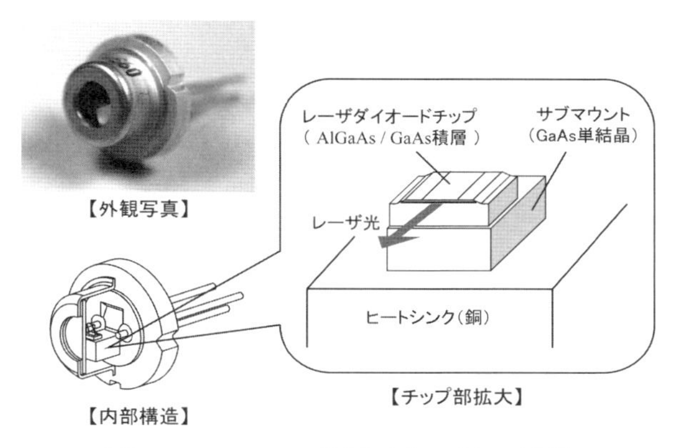

図5-1-9　レーザダイオードの構造

ブマウントを介して銅のヒートシンク上にはんだ付けされ、ワイヤボンドでリードピンと接続されています。高出力のレーザダイオードチップは、活性層（発光層）へのダメージが寿命に大きな影響を与えます。レーザダイオードの信頼性を確保するためには、チップにダメージを発生させないはんだ付けが必要であるため、Au-Sn-Ni 合金のはんだが使われています。このはんだは、チップと銅のヒートシンクの濡れ性を向上させ、はんだ付け中にコレットでチップを加圧しなくても良好な接合強度を得ることができるため、内部残留応力が小さくダメージのほとんどないはんだ付けができます。

5-2　ライトセンサの技術

前項で述べたように、車載用の光センサは、空調制御や安全性、利便性を提供する装置を中心に様々なシステムに使われています。本章では、これらの光センサの中で、要求される仕様に違いはありますが、日射光量を検出する点では同じ機能の日射センサとオートライトセンサを統合したライトセンサの技術について、以下に詳しく述べることとします。

ライトセンサは、先にも述べたように、周囲光の明るさによりライトの点灯、消灯制御を行うためのオートライトセンサと、空調制御において日射量による空調温度の補正を行うための日射センサとの２つの機能を合わせ持つセンサです。ライトセンサは、光検出素子としてフォトダイオードを用いており、光センサとしては比較的単純なセンサですが、その技術を知ることによって、光センサの基本的な技術要素が、ひととおり理解できるものと思います。

5-2-1　ライトセンサの要求仕様

ライトセンサの要求特性仕様の例を表5-2-1に示します。車室内で使用されるセンサですが、直射日光をまともに受けるダッシュパネル上に設置されるため、使用温度範囲の上限は意外に高く、100℃となっています。また、日射センサとオートライトセンサの機能を兼ね備えるため、入射光強度の範囲は、真夏の直射日光から薄暮時の周囲光まで、非常に大きな範囲に対応しなければなりません。さらに、ライトセンサとして特徴的な仕様に、仰角特性があります。仰角特性というのは、高さ方向の光の入射角（仰角）に対する感度特性です。

空調用途の日射センサ機能では、乗員が太陽光の仰角により感ずる暑さが異なるため、車両の熱負荷特性に合わせた仰角特性が望まれます。つまり、直上（90度）方向は、ルーフがあるため熱負荷はあまり大きくなく、窓ガラスから車室内に直射日光が入ってくる40度近

表5-2-1　ライトセンサの要求仕様

項目	仕様
使用温度範囲	−30～100℃
入射光強度	0～10万 lx
仰角特性	図5-2-2 参照
定格電圧	8～16V
EMC	200V／m
ESD	±25kV

傍で、熱負荷が最も大きくなります。また、水平方向（0度）の近傍でも、乗員は日射光によって暑さを感ずるため、センサは感度を持つ必要があります。このため、日射センサ機能としては、図5-2-1に示すような仰角特性が望まれます。一方、周囲光の照度を計測するオートライトセンサ機能に必要な仰角特性は、高仰角側では特別な要件はありませんが、低仰角側では、対向車のヘッドライト、特にHiビームの照射を受けた時に、ライトが誤消灯を防止するため、水平方向の感度を低く抑える必要があります。このため、ライトセンサの仰角特性は、図5-2-2に示すように、仰角が40度付近で最大の感度を持ち、15度以下の仰角で感度を急峻に低下させる特性としています。

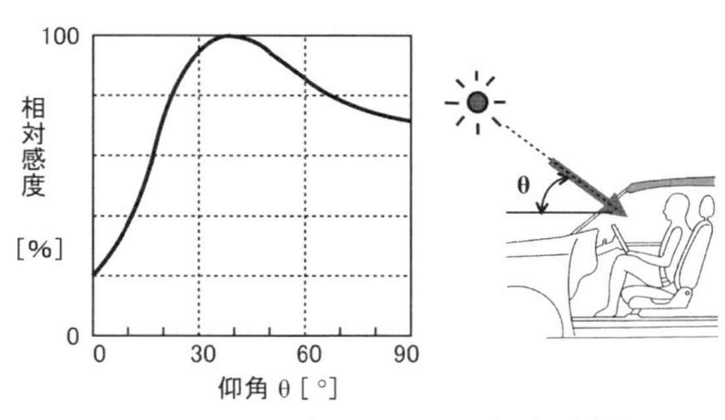

図5-2-1　日射センサの仰角特性

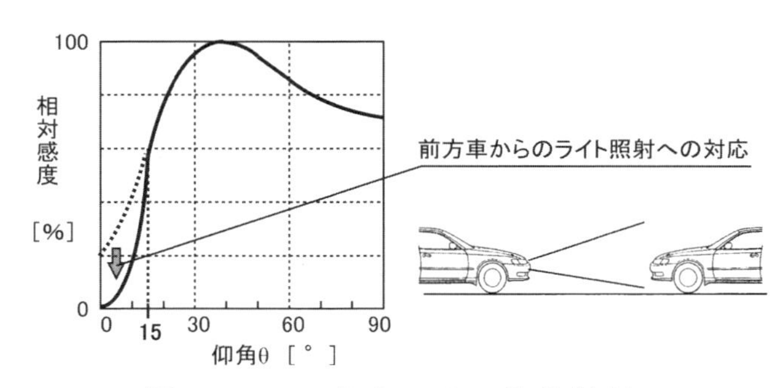

図5-2-2　ライトセンサの仰角特性

5-2-2 ライトセンサの構造

ライトセンサの外観と構造の一例を図 5-2-3 に示します。コネクタハウジングを一体に形成したインサートケースの上部中央に、ライトセンサデバイスが接着されます。センサデバイスとコネクタのインサートターミナルとは、Al ワイヤでワイヤボンディングされ、電気雑音による誤動作の防止用のチップコンデンサが、ターミナル間に導電性接着剤で接着されています。センサデバイスとチップコンデンサは、水滴などの付着による電気的リークや腐食から Al ワイヤなどの導電部を保護するために、透明なシリコーンゲルで覆われています。また、最上部にはフィルタが取り付けられています。このフィルタは、ライトセンサデバイスなどの回路部を機械的に保護するとともに、入射光の波長感度に選択性を持たせ、さらに先に述べた仰角特性を実現するための導光レンズの役目をしています。これらのフィルタの機能については、後のパッケージング技術の項で詳しく説明します。

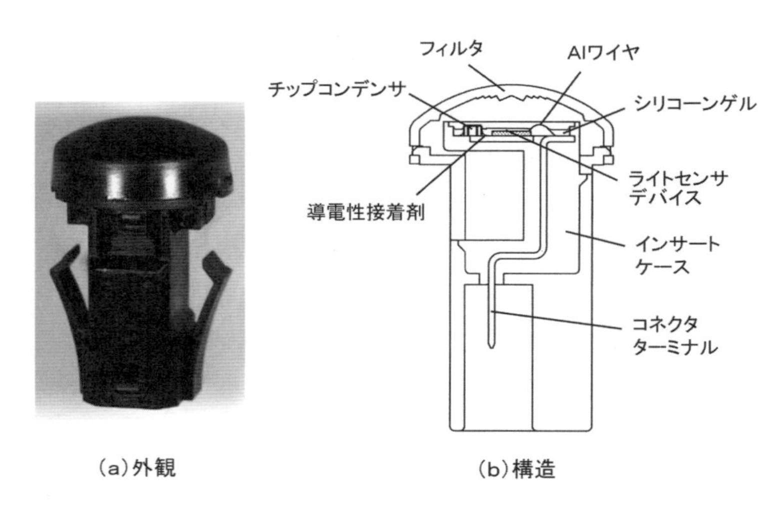

(a)外観　　(b)構造

図5-2-3 ライトセンサの外観と構造

5-2-3. ライトセンサデバイス

ライトセンサデバイスの外観写真の一例を図 5-2-4 に示します。シリコンチップの中央部に光を検出するフォトダイオードが配置され、その周辺に信号処理回路が集積化されています。

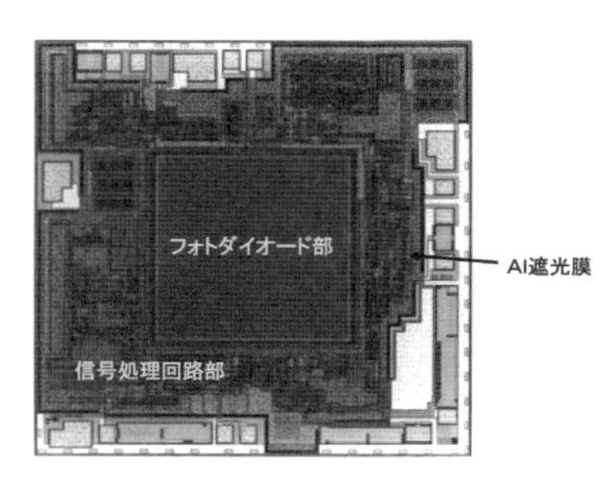

図5-2-4 ライトセンサデバイスの外観写真

①フォトダイオードの光検出原理

フォトダイオードによる光検出の基本原理は、半導体の PN 接合に光を照射すると起電力が発生する光起電力効果によるものです。この効果により、フォトダイオードの PN 接合に逆バイアスの電圧を印加した状態で光を照射すると、光の入射量に比例した逆方向電流が流れるため、この電流により、周囲の明るさを検出することができます。

フォトダイオードには様々な構造がありますが、集積回路デバイスに形成される代表的なダイオード構造を図 5-2-5 に示します。この構造では、N^-エピタキシャル領域を P 型層で分離した島の表面に、P^+層を拡散して PN 接合のダイオードを形成しています。

フォトダイオードの表面に光を照射すると、シリコン内に入射した光は、その光エネルギーがシリコンのバンドギャップエネルギー以上であれば、図 5-2-6 のエネルギーバンド図に示すように、結晶中の電子を価電子帯から伝導帯に励起して電子と正孔の対を生成します。こ

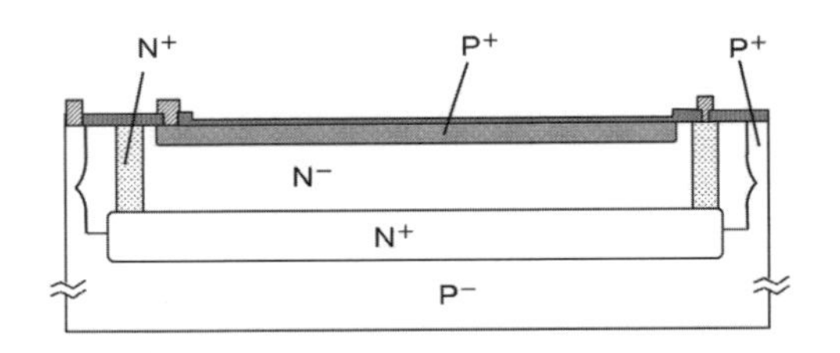

図5-2-5 集積回路デバイスのダイオード構造

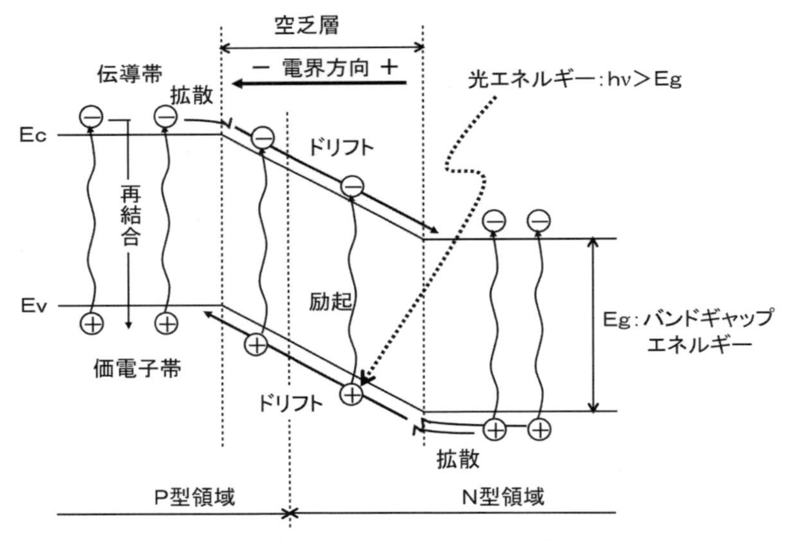

図5-2-6 PN接合のエネルギーバンド

のうち、PN接合部の両側に形成されている空乏層のP型領域で生成した電子は、空乏層の電界によってドリフトしてN型領域に入ります。同様に、空乏層のN型領域で生成した正孔は、電界によってドリフトしてP型領域に移ります。これらの電子と正孔は、各領域において過剰キャリアとなり、これが光電流となります。

空乏層領域外でも、P型領域の電子あるいはN型領域の正孔が、拡散作用により空乏層領域に到達することができれば、電界によってドリフトして光電流になります。しかし、不純物濃度が高い領域や界面近傍では、再結合準位が多く存在するために、キャリアである電子あるいは正孔は、空乏層領域に達する前に再結合して、消滅する確率が大きくなります。つまり、空乏層の近傍では、概ねキャリアの拡散距離範囲内の領域が、光電流の発生に寄与すると考えられます。従って、図 5-2-5 のような構造では、実質的に光電流の発生に寄与するのは、ほぼ、PN 接合両側の空乏層領域と、不純物濃度が低い N^- 領域であるといえます。

②フォトダイオードの波長限界

フォトダイオードを形成する半導体材料には、代表的なシリコンのほかに、GaP や GaAs、GaAsP などがあります。光が電流に変換されるためには、先に述べたように、それぞれの半導体材料において、そのバンドギャップエネルギー以上の励起エネルギーが必要になります。光のエネルギー E は、光の周波数を ν、波長を λ とすれば、

$$E = h\nu\ [J] = hc / \lambda\ [J] = hc / \lambda q [eV] \cdots (5\text{-}1)$$

ここで、$h = 6.625 \times 10^{-34}$[J・sec]: プランク定数

$c = 3.00 \times 10^{8}$[m ／ sec]: 光の速度

$q = 1.6 \times 10^{-19}$[C]: 電子の電荷

ですから、波長の長い光ほどエネルギーが小さくなります。つまり、バンドギャップエネルギーが小さい材料ほど、小さなエネルギーの光、すなわち、より長い波長の光が検出できます。主な光半導体材料のバンドギャップエネルギーと、(5-1) 式から求められる検出可

表5-2-2 光半導体材料の特性

材料	バンドギャップエネルギー［eV］	検出波長限界［nm］
Si	1.12	1100
GaAs	1.43	870
$GaAs_{0.6}P_{0.4}$	～1.9	～650
GaP	2.25	550

能な波長限界を表5-2-2に示します。シリコンは、可視光領域（400～700nm程度）を超えて近赤外線領域（～1000nm程度）まで検出が可能なため、人の温感を左右する赤外線領域の検出が求められる日射センサの機能としては、望ましい材料といえます。

③フォトダイオードの分光感度特性

一方、オートライトセンサの機能としては、人の目と同じ可視光領域の感度が求められます。フォトダイオードの光電流は、光の波長に依存した感度特性を持ち、これを分光感度特性と呼んでいます。分光感度特性は、デバイス表面から入射した光がデバイス内を透過する深さと、その深さ方向のデバイス構造によって、大きく左右されます。

まず、入射光が透過する深さですが、入射光の強度を L_0 として、深さdまで透過する光の強度をL（d）とすれば、

$$L(d) = L_0 \cdot \exp(-\alpha \cdot d) \quad \cdots (5\text{-}2)$$

と表されます。ここで、α は光の吸収係数で、透過する光の波長や透過する物質によって決まる定数です。図5-2-7にシリコン中での光の吸収係数を示します。ここに示すように、波長の短い光は吸収係数が大きいため、シリコンの表面近傍でほとんどが吸収されてしまいます。逆に、波長の長い光ほど吸収係数が小さいため、センサデバイス

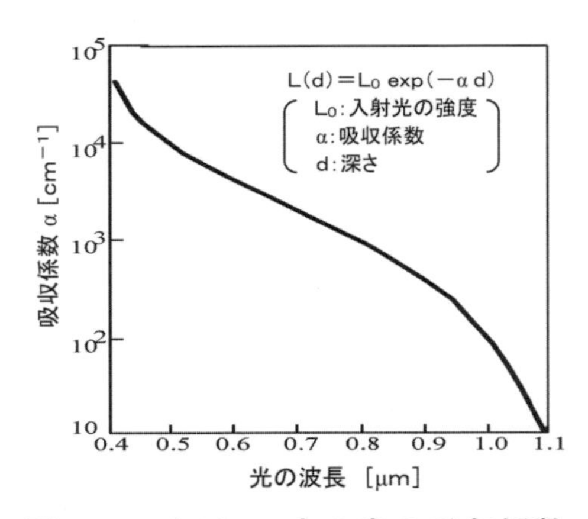

図5-2-7 シリコン中の光の吸収係数

の奥深くまで到達します。

このため、例えばショットキー構造のように、デバイスの表面近くに薄い空乏層を作るような構造にすれば、短い波長の光に感度が高いセンサとなり、デバイスの奥深くまで空乏層が形成されるようにすれば、長波長側の感度を高めることができます。つまり、デバイス構造によって空乏層が形成される深さを変えることにより、分光感度特性を変化させることができます。

分光感度特性は、半導体素子の電気的な特性を解析するデバイスシミュレータに、光照射時の電子と正孔の挙動を解析する機能を付加したものを用いて解析することができます。この解析技術を利用して、2つの異なるフォトダイオードの構造について、分光感度特性を解析した例を、デバイス構造のモデルとともに図5-2-8に示します。図の左側のデバイス構造は、図5-2-5に示した構造と同じです。この構造で、短波長側の感度が低下するのは、表面近傍に数多く存在する再結合準位やP^+層により、再結合確率が高いためと考えられます。また、長

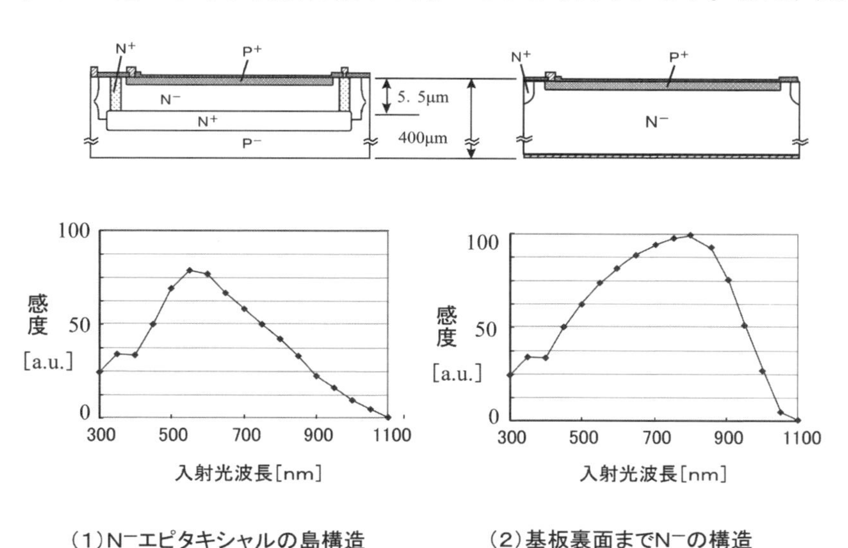

図5-2-8 分光感度特性の解析例

波長側で感度が低下するのは、入射した光がN^-領域を透過して、その下の領域に達してしまうからと考えられます。これに対して図の右側のように、シリコン基板の裏面近傍までN^-層を設けたダイオード構造では、長波長側の感度が高くなり、感度のピークも長波長側にシフトしていることがわかります。

分光感度特性に影響を与える要因としては、これ以外にフォトダイオード上の絶縁膜による表面反射があります。絶縁膜はシリコン酸化膜（SiO_2）などで形成されますが、空気の屈折率が1に対して、SiO_2の屈折率が約1.46、シリコンの屈折率が約3.5と異なるため、フォトダイオードの分光感度特性はSiO_2の厚さにも依存します。そこで、表面反射の影響を極力小さくするように、SiO_2膜の厚さを最適に設計する必要があります。

④信号処理回路部

ここまで、フォトダイオードの原理とデバイス構造および特性について述べましたが、ライトセンサデバイスは、その周辺の信号処理回路部にも独特の構造を持っています。それは、信号処理回路部にも照射される光の影響対策です。回路部に光が照射されると、フォトダイオード部と同様に、光起電力効果によって光電流が発生します。これは、高温時や結晶欠陥などによって発生するPN接合部のリーク電流と同じように、トランジスタなどの誤動作を引き起こします。これを防ぐために、ライトセンサデバイスでは、配線用のAl膜を利用して、信号処理回路部上の全面にAl膜を形成して、光を遮断する遮光膜としています。図5-2-4のライトセンサデバイスの外観写真で、周辺の薄黒くなっている部分が、そのAl遮光膜です。

5-2-4 ライトセンサデバイスの製造技術

ライトセンサデバイスの製造プロセスの要点は、光が入射するフォトダイオード部表面の絶縁膜形成と、その下のP^+拡散層形成、加えて、信号処理回路部の遮光膜形成の3つです。図5-2-9に、ライトセンサデバイスのプロセスフローと断面概略図の一例を示します。

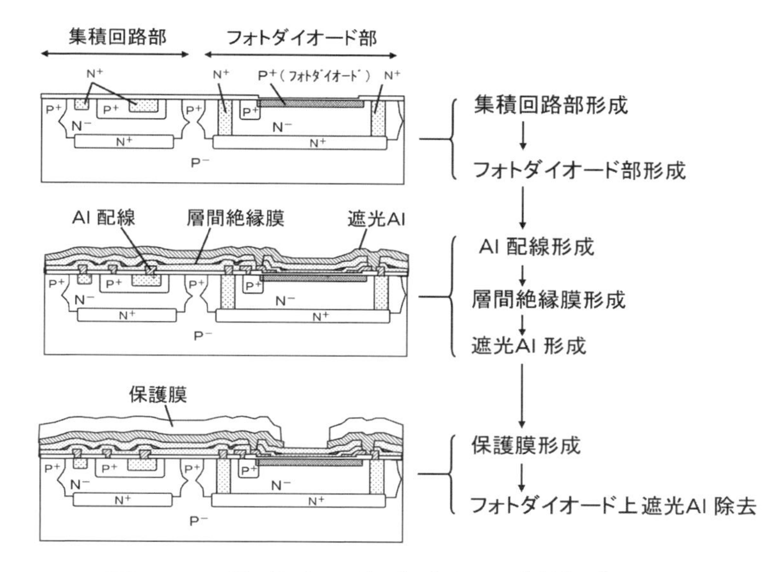

図5-2-9 ライトセンサデバイスの製造プロセス

フォトダイオード上の絶縁膜の厚さがばらつくと、光の干渉によって光の透過量がばらつきます。これは、フォトダイオードの光電流生成領域に到達する光量のばらつきになり、フォトダイオードの特性精度が低下することになります。これを避けるため、フォトダイオード上の絶縁膜厚は精度よく形成することが必要で、プロセスの温度と時間管理が重要です。

絶縁膜下のP^+拡散層の拡散深さは、光電流生成領域であるN^-層の厚みを決定するため、これも精度よく形成する必要があります。この拡散層は、イオン注入による不純物導入と熱拡散で、深さばらつきの極めて小さい拡散層が形成されます。

信号処理回路部上の遮光膜は、光の遮断を確実に行うため、膜の段切れやピンホールのないAl膜の蒸着形成が必要です。また、Al膜の上の保護膜形成と、その保護膜とAl遮光膜をフォトダイオード部上などから除去するエッチングのプロセス管理にも細心の注意が払われています。

5-2-5 ライトセンサの信号処理回路

ライトセンサは、オートエアコン用の日射信号と周囲の明るさに応じたオートライト制御用の信号を、それぞれのシステム要求に合わせて出力する必要があります。日射信号出力は、図 5-2-10 に示すように、日射光量（照度）に比例した電流出力で、真夏の直射日光に相当する 10 万 lx の照度まで対応しています。ライト制御用の出力は、周囲光の照度に応じて定められた矩形波の周波数信号出力で、ヘッドランプとテールランプの点灯、消灯制御だけでなく、DRL（Daytime Running Lamp）の減光、点灯制御、あるいは、メータや HUD（Head Up Display）の表示輝度の自動制御など複数のシステムに対応する場合は、例えば、図 5-2-11 に示すような折れ曲がり特性を持つ周波数信号を出力します。

ライト制御用の折れ曲がり特性出力は、まず、照度 0 のときに 50Hz の周波数を出力します。これは、信号線の断線やショートなどの故障を検出するための設定です。低照度側（0 ～ 571 lx）の出力は、ヘッドランプとテールランプの点灯、消灯制御に使われ、高照度側（571 ～ 4000 lx）の出力は、DRL の減光、点灯制御や HUD の

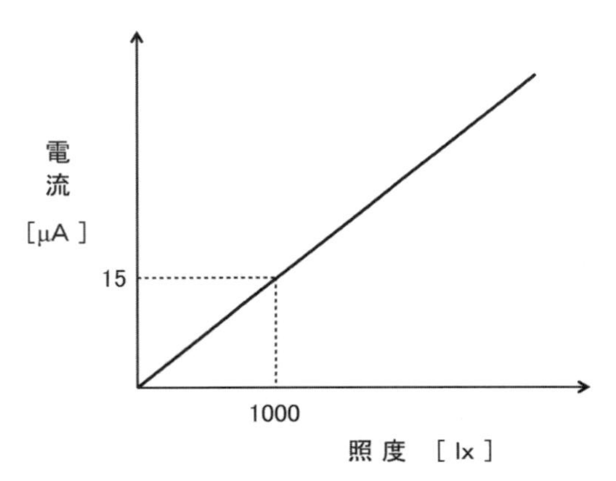

図5-2-10 日射センサの出力特性例

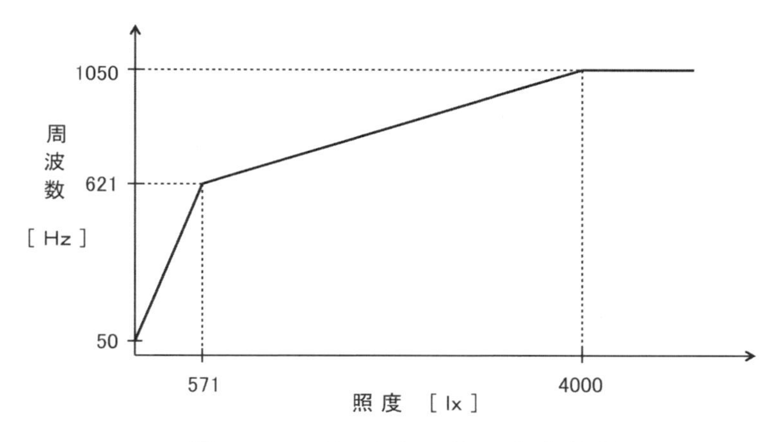

図5-2-11 ライトセンサの出力特性

表示輝度制御などに使用されます。また、ライト制御には必要のない4000 lx以上の照度では、出力が飽和するようにしています。

信号処理回路の基本構成を図5-2-12に示します。図に示したように、信号処理回路は5つの機能回路から構成されています。

①光電流出力分配回路

フォトダイオードの光電流出力 I_P は、トランジスタ T_P とベース端子が共通に接続されたトランジスタ T_0、T_1、T_2 のカレントミラー回路により、日射信号出力とライト制御用の出力に分配されます。T_0、T_1、T_2 の出力電流は、それぞれ I_P に比例した電流 $a_0\ I_P$、$a_1\ I_P$、$a_2\ I_P$ となり、その比例定数 a_0、a_1、a_2 は、T_P と T_0、T_1、T_2 とのエミッタ面積の比で定まるため、これで出力電流感度を設定することができます。

トランジスタ T_0 の出力電流 $a_0\ I_P$ は、そのまま日射信号出力として使用されます。T_1 の出力電流 $a_1\ I_P$ は、図5-2-11に示したライト制御用の出力のうち、低照度側の傾きの大きい（感度の高い）出力特性を作り、T_2 の出力電流 $a_2\ I_P$ は、高照度側の傾きの小さい出力特性を作ります。

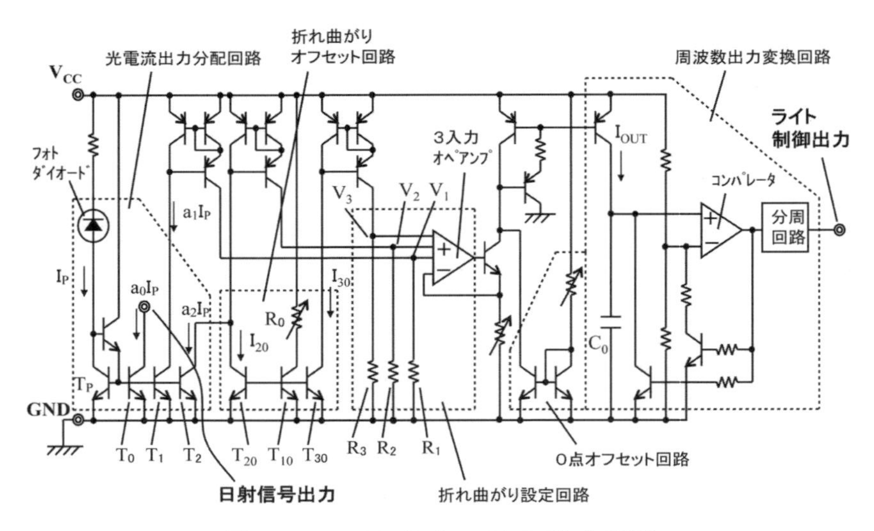

図5-2-12 ライトセンサの基本回路

②折れ曲がりオフセット回路

折れ曲がりオフセット回路は、抵抗R_0とトランジスタT_{10}、T_{20}、T_{30}からなるカレントミラー構成の定電流回路です。T_{20}の定電流I_{20}は、T_2の出力電流a_2 I_Pと足し合わされ、折れ曲がり設定回路の抵抗R_2に流れて、一定のオフセットを与えます。また、T_{30}の定電流I_{30}は、折れ曲がり設定回路の抵抗R_3に供給されて、照度4000lx以上での飽和出力値を設定するようにしています。

③折れ曲がり設定回路

折れ曲がり設定回路には、3入力タイプのオペアンプを使用して、折れ曲がり特性を作っています。このオペアンプの回路は、図5-2-13に示すようなPNPトランジスタ入力となっているため、オペアンプの＋側入力は、3つの入力のうち最も低い電圧となり、－側端子の電圧V_-もこれに追随します。オペアンプの3つの入力V_1、V_2、V_3、は、それぞれ照度に応じて、図5-2-14の左側に示すような特性になっていますから、電圧V_-の照度特性としては、図の右側に示す

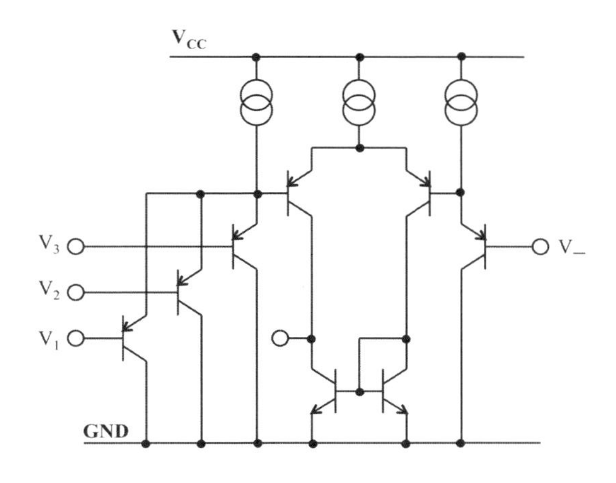

図5-2-13　3入力タイプのオペアンプ回路

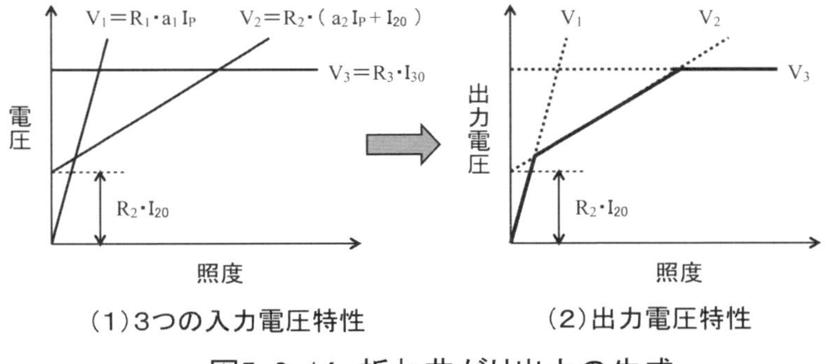

(1)3つの入力電圧特性　(2)出力電圧特性

図5-2-14　折れ曲がり出力の生成

ような折れ曲がり特性が得られます。

④０点オフセット回路

０点オフセット回路は、基本回路図の図5-2-12に示すように、単純な定電流回路で、折れ曲がり設定回路の出力電流と足し合わされて、照度０のときのオフセット出力を設定します。

⑤周波数出力変換回路

周波数出力変換回路は、図5-2-12に示すように、コンデンサC_0

とコンパレータを使って、出力電流 I_{OUT} に比例した周波数の三角波を生成し、分周回路によって図 5-2-11 に示した所定の周波数出力特性を得ます。

5-2-6 ライトセンサのパッケージング技術

ライトセンサの構造は、既に図 5-2-3 に示しましたが、そのパッケージングの特徴はフィルタにあります。フィルタには 2 つの機能があり、1 つは、フィルタの分光透過率（光の波長に対する透過率）を調節することによって、ライトセンサに求められる分光感度特性を実現すること、もう 1 つは、所定の仰角特性を達成するために、フィルタに導光用のレンズ機能を持たせることです。

ライトセンサの分光感度特性は、フォトダイオード部の分光感度特性に、フィルタの分光透過率を掛け算したものになります。ライトセンサのライト制御の機能からいえば、分光感度特性として可視光領域での感度も持っていなければなりませんので、フィルタには、可視光領域でも適切な透過率を持つフィルタ材質を選定する必要があります。また、日射センサ機能に影響する近赤外領域の分光感度特性に関しては、車両のフロントガラスに留意することが必要です。フロントガラスには、日射による熱負荷を軽減するため、赤外領域の透過率を小さくして、赤外線を減衰させるタイプのものがあります。このようなフロントガラスの分光透過率の違いによって、ライトセンサの感度が大きく変化しないような分光感度特性が求められます。

一方、所定の仰角特性を得るために、フィルタにはフレネルレンズを形成して、フォトダイオード部に入射する光の強度を入射角によって調節できるようにしています。その原理図を図 5-2-15 に示します。この図のように、フォトダイオード部に入射する光を、例えば、直上からの入射光は 80%、斜め方向は 100%、水平方向は 50% というように、導光特性を変化させることによって、仰角特性を調整することができます。このようなフレネルレンズの設計は、光路シミュレーションを用いて行うことができますので、図 5-2-2 に示したようなライト

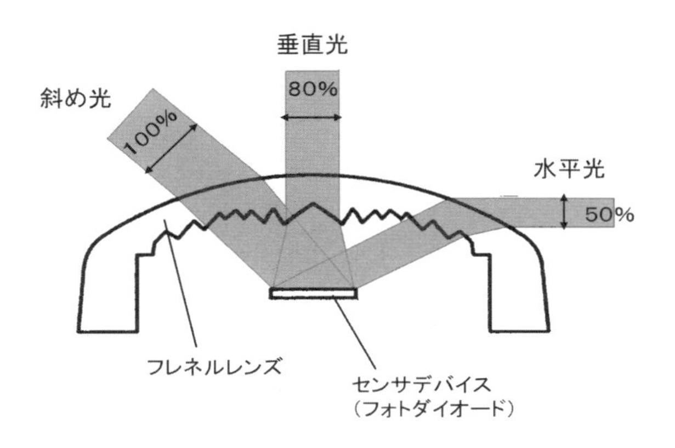

図5-2-15 フレネルレンズによる仰角特性

センサの仰角特性を、容易に設計することができます。

ライトセンサのパッケージングで、もうひとつ留意すべき事項は、センサデバイスを覆っているシリコーンゲルです。センサデバイス上のゲルの厚みによって、光の透過率が変化して出力電流に影響します。このため、ゲルの厚みの許容公差設計と、それを満足するような製造時のゲル量の管理が必要です。

5-3 2方位ライトセンサ

快適性を追求してやまないオートエアコンには、運転席と助手席の空調を個々に制御する左右独立空調のシステムがあります。これは、例えば日射が車両の右側から当たっている場合、日射の当たっている右側の乗員は暑くなりますが、日射の当たっていない左側の乗員はそれほど暑くは感じません。このような状況で、通常のオートエアコンでは、日射による温度補正を行うため、車室内全体の温度が下がるので、日射が当たっている側の乗員には快適ですが、日射の当たっていない側の乗員は、空調が効き過ぎているように感じてしまいます。このような状況も含めて、左右の乗員の温度感覚の差に応じて空調を制御するのが、左右独立空調システムです。

この左右独立空調システムを成立させるためには、従来の仰角特性に加えて、左右どちらの方向から日射が当たっているかを検出できる2方位検出の日射センサが必要となります。この2方位日射センサの機能とライト制御の機能を集積したのが2方位ライトセンサです。

2方位ライトセンサのセンサデバイスの写真を図5-3-1に示します。フォトダイオード部は、中心の円形部とその外側のリング状に分割された部分から成り、リング状の部分は、さらに中央部とその左右に3分割されています。

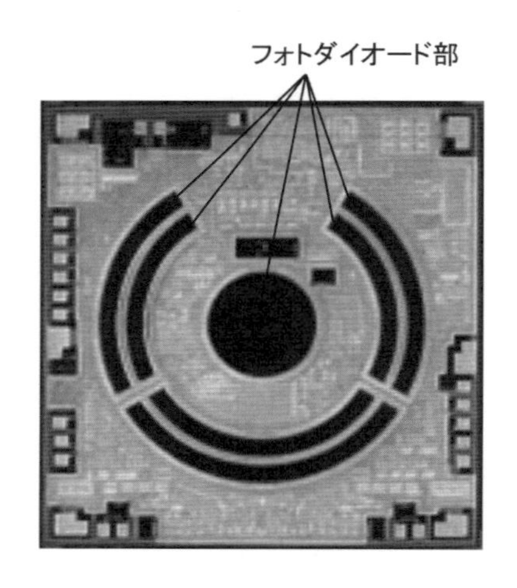

図5-3-1　2方位ライトセンサデバイス

センサデバイスの上部には、図5-3-2に示すように中央部の光だけを透過させる遮光板が配置されます。日射光の左右の方位検出は、遮光板を通過してセンサデバイスに入射する光の偏りを、左右に分割されたフォトダイオード部の受光量の違いによって検出します。一方、仰角特性は、図5-3-3に示すような回路構成を用いて実現しています。中央部とリング状のフォトダイオード部の受光量に比例して出力される光電流に、それぞれ重みづけをして演算処理することによって、所定の仰角特性を得るわけです。

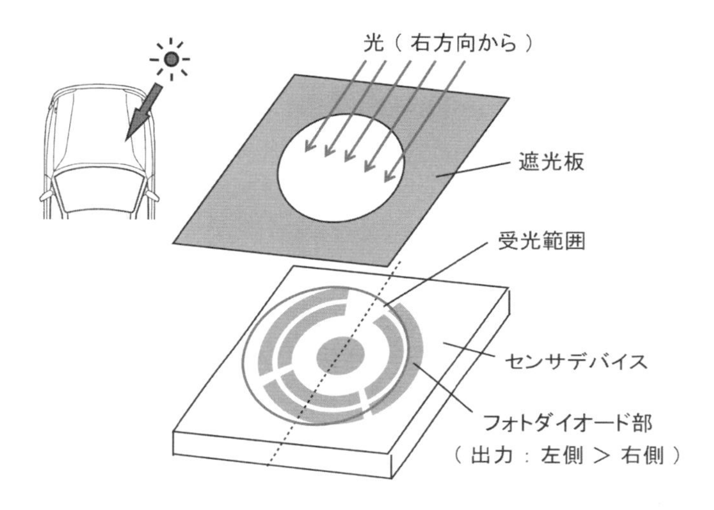

図5-3-2　左右方位の検出

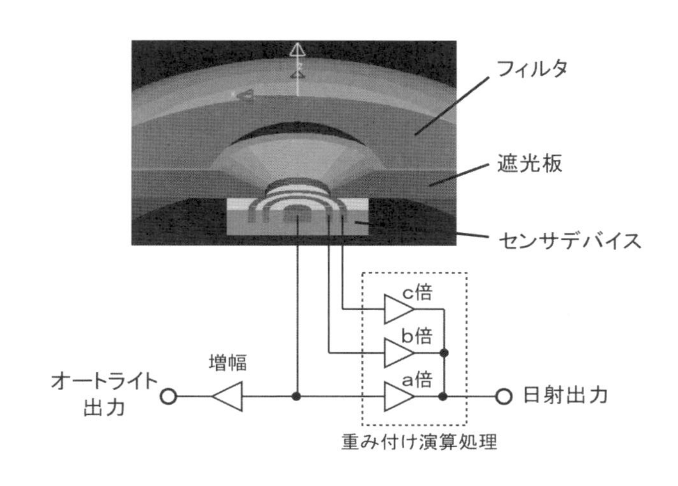

図5-3-3　仰角特性を得る基本回路構成

◉参考文献

Y.Suzuki,I.Yokomori
Sensors for Automotive Technology,7.13.Light Sensors,WILEY-VCH,2003
本田祐次、他
エアコン制御システムのセンサ新技術、デンソーテクニカルレビュー、Vol.9 No.2 2004
熊田辰己、他
IR（赤外線）センサを用いた車両用オートA／C制御、デンソーテクニカルレビュー、Vol.9 No.2 2004
寺倉修、他
オートワイパ用レインセンサの開発、デンソーテクニカルレビュー、Vol.9 No.2 2004
渥美欣也、他
車載レーザレーダ用高出力レーザダイオード、デンソーテクニカルレビュー、Vol.9 No.2 2004
森泉豊栄、中本高道
センサ工学、昭晃堂、1997
太田実、他
自動車用センサ、山海堂、2000

第6章 車載用半導体センサの展望

6-1 車の進化とセンサ

車の進化は、第１章でも述べたように、環境、安全、快適という３つの大きなベクトルに沿って進んでいます。この３つの方向について、さらにどのような進化をしていくのか、そして、車載用半導体センサにはどんなニーズが生じてくるのか、少し考えてみたいと思います。

6-1-1 環境への対応

かつて大きな課題となり、現在も改善が続けられている排出ガスの浄化に加えて、近年では、地球温暖化やエネルギー問題も深刻化しており、車には低炭素化社会への対応がより一層強く求められています。日本のCO_2排出量の中で、運輸部門のCO_2排出量の状況を見ると、図6-1-1に示すように約２割を占めています。そのうち自動車が占める割合は、図6-1-2に示すように、乗用車に貨物車、バス、タクシーを加えると約88%になります。従って、車の燃費の更なる向上や、燃料を石油資源だけに頼らずに車のエネルギー源の多様化を図ることが、次世代自動車開発の大きな課題となっています。燃費については、

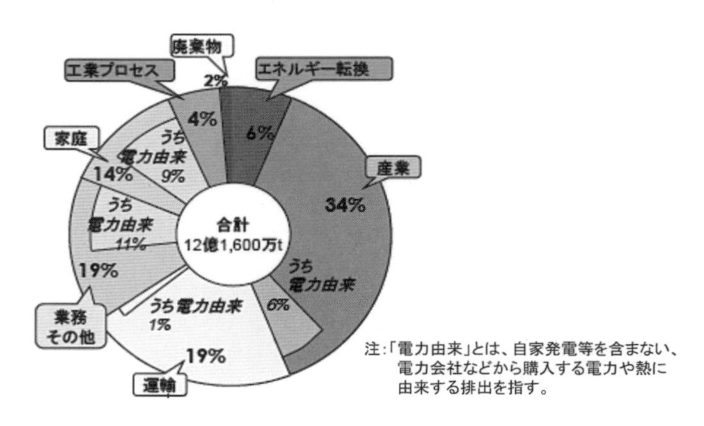

出典：国立環境研究所「2008年度（平成20年度）の温室効果ガス排出量（速報値）について」

図6-1-1 日本のCO_2排出量の部門別内訳

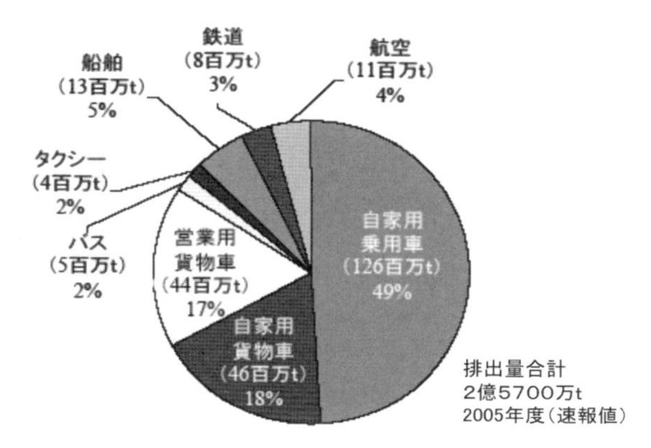

出典：国土交通省交通政策審議会
「運輸部門における温室効果ガス排出量等の推移」(平成18年11月)

図6-1-2 運輸部門のCO_2排出量の輸送機関別内訳

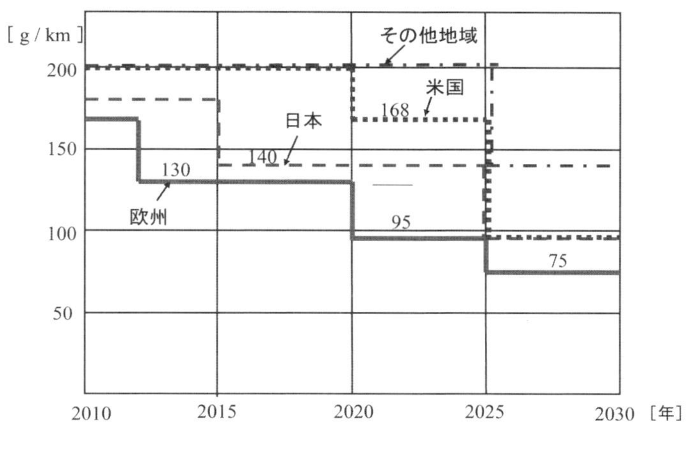

図6-1-3 各国のCO_2規制

図 6-1-3 に示すように各国で CO_2 規制が導入されており、おおよそ 5 年で 20%程度の燃費向上が必要です。

これに対応して、環境負荷が少なく、省エネルギーに貢献できる環境対応のシステム開発が進められています。そのシステム動向とセンサの対応について、ロードマップの一例を図 6-1-4 に示します。現在、

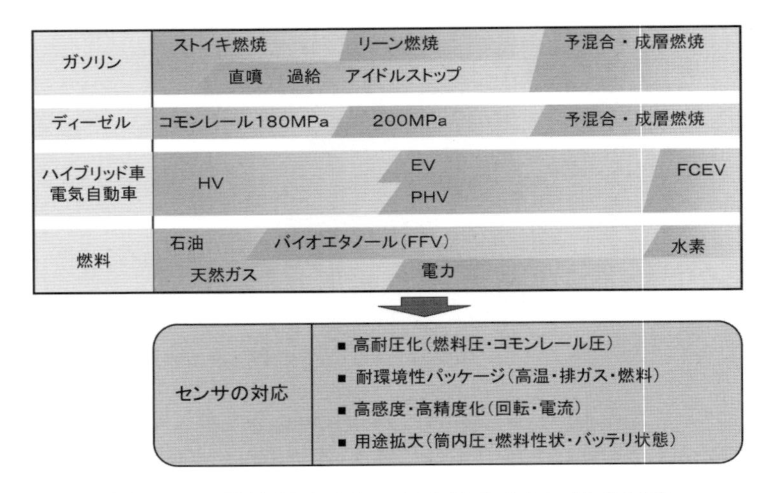

図6-1-4 環境対応のシステム動向とセンサの対応

車の動力源の主流である内燃機関のうち、まず、ガソリンエンジンは、リーン燃焼やシリンダ内に直接燃料を噴射するいわゆる直噴エンジンの燃料噴射圧の高圧化と、高効率過給によるエンジンのダウンサイジング（小排気量化）が、即効的な燃費向上技術として顕著になっていくと考えられます。また、アイドルストップシステムが今後広く採用されるようになり、それに適したエンジン制御や機構の改良が、進むものと思われます。これらに対応して、エンジン制御用のセンサは、燃料圧センサの高耐圧化、吸気圧センサやターボ圧センサの耐環境性の向上が求められます。また、より高精度な燃料噴射制御と燃焼制御のため、クランク角センサのさらなる高精度化や、より小型で使いやすい燃焼圧センサの開発が必要です。特に、燃焼圧センサは、シリンダ内の燃焼時の圧力だけでなく、吸気時の圧力なども測定できるようにダイナミックレンジを広げ、いわば燃焼圧センサから筒内圧センサへの進化が求められています。

一方、ディーゼルエンジンは、燃費が良くCO_2の排出量が少ないという利点から欧州市場で確立した地位を、さらに北米市場に展開する期待が持たれています。その燃料噴射は、排ガス浄化や騒音低減に必要な多段噴射やポスト噴射が可能なコモンレールシステムが主流であることは変わらず、最高噴射圧の限界への挑戦が続くものと考えられます。これに伴い、コモンレール圧センサにもさらなる高耐圧化が必要です。また、排ガスの後処理システムは、粒子状物質（PM）を大幅に低減できるDPFシステムの普及拡大が進み、排ガス圧センサには、耐環境性と低コストの高いレベルでの両立が求められます。

内燃機関には、CO_2の排出量の削減と資源保護の観点から、燃料の脱石油化、すなわち、天然ガスエンジンやバイオ燃料への対応など、エネルギー源の多様化も求められています。その中には、バイオエタノールとガソリンの混合燃料に対応したFFV（Flexible Fuel Vehicle）があり、エタノールの混合率やエンジン機能を阻害する物質の検出のため、高精度で信頼性の高い燃料性状センサの開発が必要です。

駆動源として内燃機関を利用した従来の車両に対して、モータも駆動源とするハイブリッド車（HV）の普及が進み、さらにエネルギー源として石油燃料だけでなく、電気エネルギーも利用するプラグインハイブリッド車（PHV）の実用化開発が進展しています。図6-1-5に、車の走行に用いる駆動源とエネルギー源の関係を整理した図を示します。現在の車の主流であるガソリン車やディーゼル車の内燃機関自動

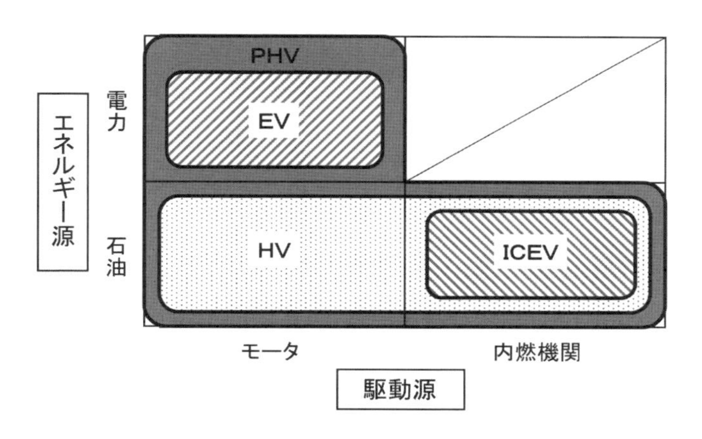

図6-1-5 車の走行に用いる駆動源とエネルギー源

車（ICEV:Internal Combustion Engine Vehicle）は、エネルギー源として石油燃料を用いて、内燃機関（ICE）を駆動源として走行します。一方、ICEVよりも古い歴史を持つ電気自動車（EV）は、電気エネルギーを用いてモータで走行します。ハイブリッド車（HV）は、駆動源として内燃機関とモータを併用して、状況によってこれらを使い分けて走行しますが、そのエネルギー源として使われるのは石油燃料だけです。

これらに対して、プラグインハイブリッド車（PHV）は、状況により内燃機関やモータを使って走行し、走行のためのエネルギー源も石油燃料と電気エネルギーの両方を活用できます。PHVは、EVと同様に太陽光発電や風力発電、原子力発電などによる電気エネルギーを利用できることから、CO_2排出量の削減に有効であるとともに、搭載バッテリの充電量が低下した場合は、エンジンを作動してHVとして走行できるため、EVの環境性とHVの利便性を兼ね備えた車と言えます。

PHVやEVなど電気エネルギーを燃料とする電動車両は、リチウムイオン電池などの搭載バッテリの性能向上と、永久磁石モータや希土類元素（レアアース）を使用しない非永久磁石系モータ（誘導モータ等）などのモータ技術の進化に伴い、近い将来での普及拡大が期待されています。これに対応したセンサ技術としては、モータの精密制御のための回転センサと、バッテリの過充電、過放電を防止するきめ細かな状態管理のための電流センサの高感度化、高精度化が必要です。また、バッテリの電圧や電流だけでなく、劣化状態などをより直接的に検出できるバッテリ状態センサの開発が、新たに求められてくると思われます。

6-1-2 安全性の向上

世界では、年間に100万人以上の人が交通事故により亡くなっています。世界の人口は推計約68億人（2009年現在）で、1年に1億4千万人が産まれ、6千万人が亡くなっているとされていますので、

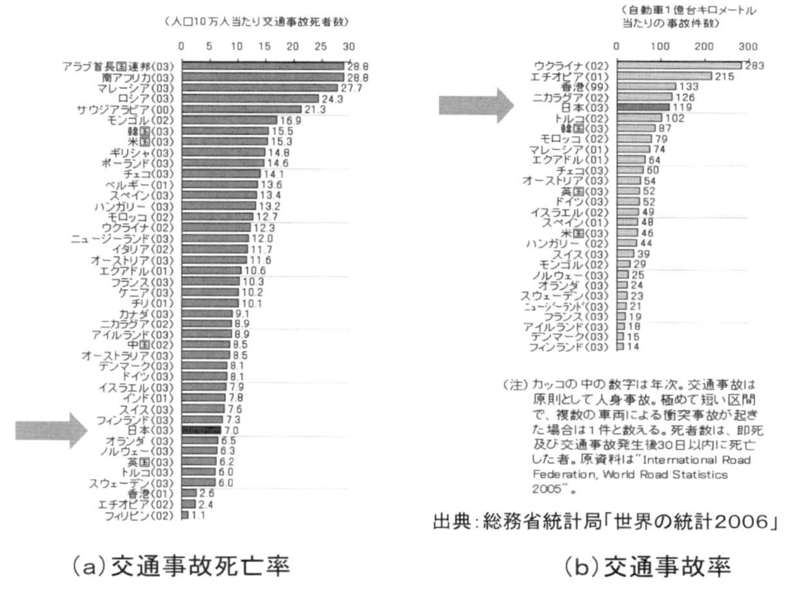

(a)交通事故死亡率　　(b)交通事故率

図6-1-6　各国の交通事故死亡率と交通事故率

死亡者の約2%が交通事故で亡くなっていることになります。世界各国の交通事故死亡率を図6-1-6の(a)に示しますが、人口1万人あたりで1人以上の率の国が数多くあるのがわかります。特に、発展途上国での自動車の急増による交通死亡事故の問題は深刻です。

一方、日本をはじめ先進各国では、エアバッグやABSなどの安全システムの普及も一因となって、死者数は確実に減少しています。しかし、交通事故自体の発生率は、まだ高い水準にあると言えます。図6-1-6の(b)に交通事故率の各国のデータを示しますが、例えば日本では、100台の車が1万km走行すれば、そのうちの1台は人身事故を起こすという数字になっています。また、図6-1-7に日本での交通事故の死者数と事故件数の推移を示しますが、死者数の減少に比べて、事故件数の減少割合は小さく、80万件を超えるレベルで推移しています。このように交通事故は大きな社会的問題であり、交通事

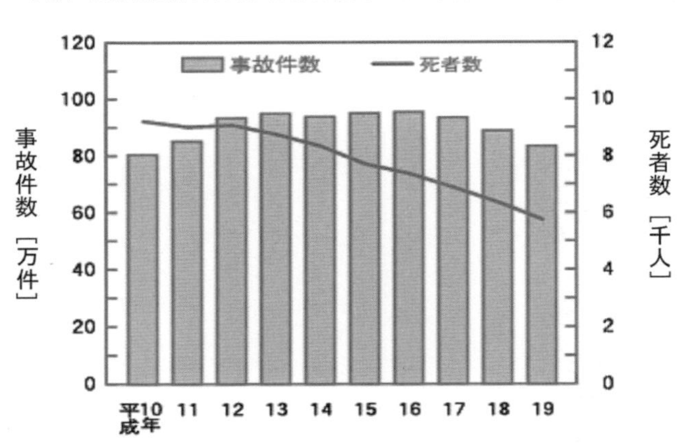

図6-1-7 日本の道路交通事故件数と死者数

故から一人でも多くの人を守るために、車の安全システムを進化させていくことは、自動車技術の切実な課題です。

車の安全システムは、「運転支援」「予防安全」「衝突安全」の３つに大別されます。これら３つの分類をその代表的な安全システムとともに、通常運転から危険回避、そして事故に至るまでの時系列でまとめると、図6-1-8に示すようになります。つまり、車の安全システムは、危険に近づかない、あるいは危険な状態にならないための通常運転時の運転支援に始まり、図らずも遭遇した危険を回避するための予防安全、そして、事故が不可避になったときに被害をできる限り小さくするための衝突安全とで構成されています。一方、安全システムの開発の歴史は、この流れとは逆に、衝突安全の代表的なシステムであるエアバッグに始まり、予防安全の端緒となったABSを経て、近年はACCなどの運転支援システムが数多く開発され、より上流へとさかのぼってきています。今後、これらの各分野ではどのように開発が進むのでしょうか。考えられるシステム動向とセンサの対応について、ロードマップの一例を図6-1-9に示します。

通常運転	危険回避	事故不可避 / 衝突 / 事故発生
運転支援	予防安全	衝突安全
ACC AFS LKA 夜間前方視界支援 後方監視ﾓﾆﾀ	ABS TCS ESC VDIM	PCS　ｴｱﾊﾞｯｸﾞ ｼｰﾄﾍﾞﾙﾄ 歩行者保護　緊急通報

図6-1-8 車の安全システム

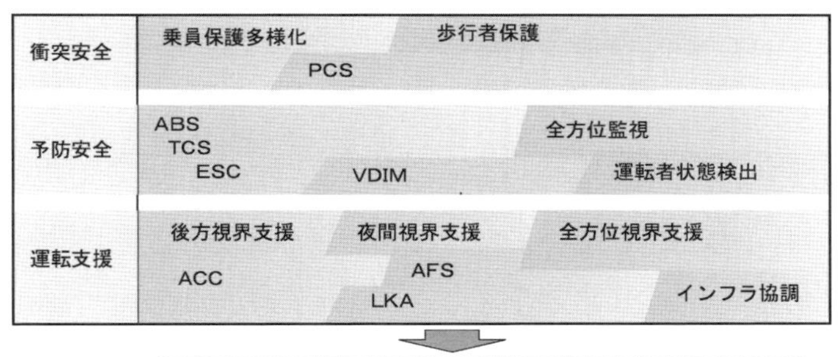

センサの対応	■ 通信機能の高度化（省線化・無線化） ■ 衝突検知の早期化（高応答化・レーダ・カメラ） ■ 周辺認識（センサフュージョン・アクティブセンシング） ■ 乗員認識（位置・わき見・居眠り・飲酒） ■ 高精度な操作量、動作量監視（回転・位置・圧力）

図6-1-9 安全システムの動向とセンサの対応

①衝突安全システム

衝突安全は乗員保護と歩行者保護に分けられます。乗員保護として広く知られているのは、エアバッグやシートベルトです。エアバッグシステムは、様々な衝突形態に対応して急速な拡大を遂げており、今や1台に10個以上のバッグを備える車もあります。これに伴い搭載されるセンサの数も増えており、センサとECUとの間の配線数の増大への対応が求められています。このためセンサには、多重通信や省線化通信、さらには無線通信など、高度な通信機能の内蔵が必要になると思われます。

また、エアバッグシステムのセンサに求められるもう1つの動向として、衝突判定の短時間化があります。従来の加速度センサの高応答化に加え、加速度以外の衝突特徴量の検出による、より早い衝突検知も必要と考えられます。これに対応した例として、側突検知用の圧力センサや前突検知用の音響センサがあります。側面衝突は衝突箇所と乗員の距離が近いため、できるだけ早い検知が求められますが、ドア内に圧力センサを設け、ドアのへこみに伴うドア内の圧力変化を捉えることによって、ドアがへこんでから加わる衝撃力を検知する加速度センサに比べて、より早い衝突検知ができます。音響センサは、前面衝突で車体が変形する時に発生する特定の音の周波数を検知するもので、ショートノーズ化で特に車両前部の衝撃吸収ストロークが短くなっている小型車での採用例があります。

より早い衝突検知という意味では、衝突したことを検出してから作動するエアバッグシステムに対し、衝突しそうなことを事前に検出して、乗員の保護に必要な装備を衝突に備えて予め作動させるシステムが実用化されています。このシステムは、PCS（Pre-Crash Safety System）と呼ばれ、図6-1-10に示すように、近年特に大きな進化を遂げています。

当初PCSは、ミリ波レーダで前方進路上の障害物を検知し、衝突の危険があるときは、まずブザーなどで警報し、さらに衝突が避けられないと判定されると、ブレーキアシスト、シートベルトの巻き取りなどを行い、衝突した場合の被害を軽減するシステムでした。その後、前方カメラの併用による障害物の検知能力の向上が図られ、さらに、ドライバモニタカメラにより運転者の顔向き検知を行い、正面を向いていない場合は、より早いタイミングで警報するシステムに進化しました。最近のシステムでは、ステレオカメラにより立体認識情報を付与することで歩行者も検知でき、近赤外線投光器により夜間の検知も可能にしています。また、後方ミリ波レーダの監視により後方車両の

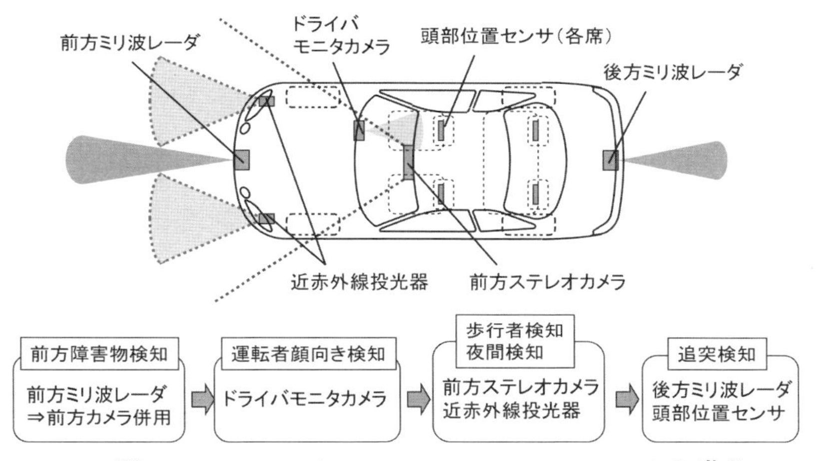

図6-1-10 PCS(Pre-Crash Safety System)の進化

接近を検知し、追突の危険性がある場合は、ハザードランプの点滅で後方車両に注意を喚起するとともに、ヘッドレストに内蔵されたセンサで乗員の頭部の位置を検出して、ヘッドレストを適切な位置に移動することによって、鞭打ち傷害の軽減にも備えるというような進化を続けています。

今後、乗員保護システムは、様々な衝突形態へ対応が拡張されると考えられ、これに対応したレーダやカメラなどによる周辺認識技術の向上と、乗員をより最適な状態で保護するために、乗員の体格、位置、挙動などを検出する乗員認識センサの開発が必要と考えられます。

一方、歩行者保護については、ポップアップフードシステムが実用化されています。このシステムは、エンジンとボンネットフードとの隙間を十分に確保することが難しい車両において、前部のバンパーに配置した加速度センサなどで歩行者との衝突を検知して、ボンネットフードの後端を持ち上げるシステムです。これにより、フードの低い車両デザインを維持しつつ、歩行者との衝突時にはフードとエンジンとの隙間を設けて歩行者の頭部への衝撃を和らげることができます。

また、歩行者保護用のエアバッグシステムの開発も進められています。これには、図 6-1-11 に示すように、ボンネットフードから飛び出すフードエアバッグやフロントグリルから飛び出すグリルエアバッグなどがあります。フードエアバッグは、歩行者の頭部がフロントピラー部などに衝突する衝撃を緩和し、グリルエアバッグは大人の腰部や子供の頭部への衝撃を和らげるものです。これらのシステムでは、例えばレーダやカメラなどによる、より早い歩行者との衝突検知方法の開発が求められています。

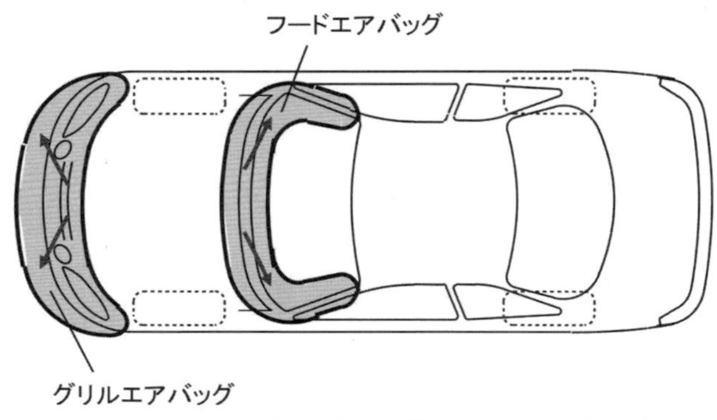

図6-1-11 歩行者保護用のエアバッグ

②予防安全システム

予防安全の分野では、ABS、TCS、ESC などの従来の予防安全システムを一つのシステムとして統合制御し、理想的な車両運動性能とより高い予防安全性を目指す動きがあります。その一例として、VDIM（Vehicle Dynamic Integrated Management）と呼ばれるシステムが実用化されています。VDIM は、図 6-1-12 に示すように、エンジン、ブレーキ、ステアリングなど、それぞれ単独で制御していた機能を統合して制御することで、アクセル、ステアリング、ブレーキの操作量による運転者の操作意思と車の挙動との差を算出し、車が滑り出す前から前輪の切れ角、ブレーキ、スロットルを制御し、車両の挙動を安定させるシステムです。

このVDIM のように、車の電子制御システムは、従来は独立で制

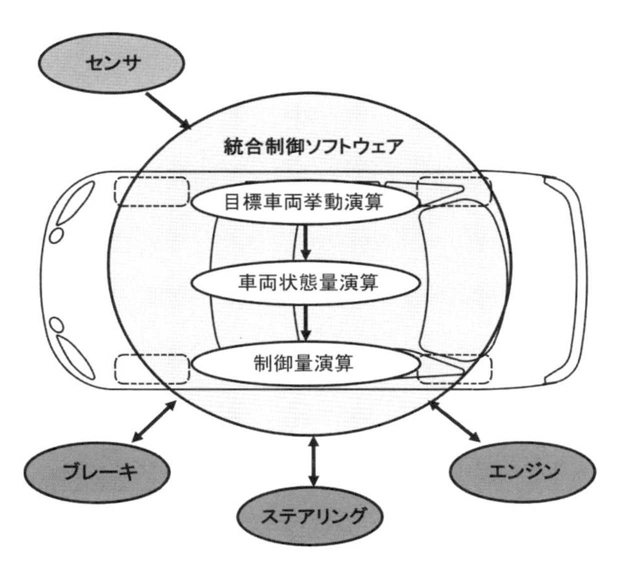

図6-1-12　VDIM（Vehicle Dynamic Integrated Management）

御していたシステムがある単位で統合されるとともに、これらのシステムをネットワーク化して各システム間で互いに協調して制御するという動向にあります。また今後は、車外のインフラとも連携した統合制御が行われていくものと思われます。このような電子制御システムの動向の概念図を図6-1-13に示します。統合制御と協調制御に伴い、各システム間では多くの信号のやり取りが必要となり、センサからの信号も多くのシステムで共有されるようになっています。これらの信号は、1対1のワイヤでのやり取りでなく、LAN通信によって行われますが、この車内LANはさらに高速化され、また、外部との通信連携も行なわれるようになります。これに対応して、先にも述べたセンサへの通信機能の内蔵がますます多くなってくるものと考えられます。さらに、これらの動きは、センサにマイクロプロセッサを内蔵するという、いわゆるセンサのスマート化を今にも増して進展させ、センサ技術に様々なインパクトを与えるものと思われます。

また、いわゆるX-by-Wireと呼ばれる、機械式リンクから電気式リンクへの移行が、ステアリングやブレーキ、スロットルなどで、既に

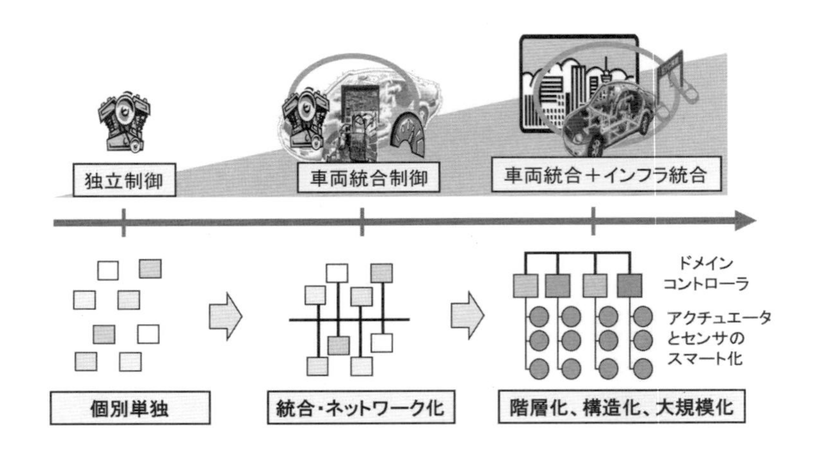

図6-1-13 電子制御システムの動向

活発に行なわれています。これに伴い、運転者の操作量の検出やアクチュエータの動作量の監視やフィードバックのため、回転、位置、圧力などの高精度なセンサの重要性はますます高まるものと思われます。

予防安全のもう一つの主要な開発項目は、運転者の状態認識、いわゆるドライバモニタです。運転者の状態を検出するモニタリング技術と運転者に迷惑感や違和感を与えずに適切な支援や警報を行うHMI（Human Machine Interface）技術の開発が重要で、わき見検出、居眠り検出、飲酒検出などがこれに当たります。さらには、運転者の体調、意識、意図まで踏み込んだセンシング技術も、将来に向けて開発が期待されるものと思います。

③運転支援システム

車の運転は、「認知」「判断」「操作」という手順を踏んで行われており、安全運転はそれぞれの手順でミスを起こさないことです。そして、まずは事故に近づかないために、適切な情報の認知が必要となります。認知を支援するシステムとして最近実用化されている例としては、AFS（Adaptive Front Lighting System）と呼ばれるカーブ走行時にヘッドライトの光軸を操舵方向に自動制御するシステムや、ナイトビューあるいはナイトビジョンと呼ばれる夜間の前方視界を赤外線カメラで支援するシステムなどがあります。また、操作の支援まで行うシステムには、レーダなどで前方を監視しながら一定の車速で走行し、先行車がいる場合はブレーキ制御も行って適切な車間距離を保つACC（Adaptive Cruise Control）や、前方カメラで車線を認識し、高速道路や急カーブのない自動車専用道などで、車線を逸脱しないように警報やステアリング操作を補助するLKA（Lane Keeping Assist）などのシステムが実用化されています。

今後、運転支援システムは、視界の確保と認知に必要な周辺情報を提供するために、夜間の雨降り時や霧の発生時などの悪条件下で視界を補助するための技術や、車両周辺のモニタシステムとそこから障害物や歩行者を認識し、警報するシステムなどが開発されていくと考えられます。これらに対応して周辺認識センサの開発が進められていますが、この分野では、性能向上や普及のための低価格化など、センシングハードウェア自体の開発に加えて、センサフュージョンやアクティブセンシングという手法が多用されていくと考えられます。

センサフュージョンは、複数のセンサの情報を相補的に用いたり、それらを演算処理などして、まとまった情報を抽出したりする手法です。周辺認識にはレーダやカメラ、超音波などのセンサが用いられますが、それぞれ一長一短があり、これらを融合（フュージョン）することによって、より高い認識性能が得られるものと考えます。

アクティブセンシングは、認識に先立って探索行動を導入することにより、センシング性能を向上させる手法です。これには、センサとアクチュエータを組み合わせてセンサ出力が大きくなるようにアクチュエータを駆動する方法や、対象物に対応してセンサ特性を変化させる方法があります。例えば、レーダを通常は広角でスキャンし、対象物を検知した場合は、そこにスキャンを絞り込んで空間分解能を上げたり、対象物の明るさによってカメラのダイナミックレンジを可変にして、障害物や交通標識の認識精度を向上したりすることなどが考えられます。

また、ここまで述べた運転支援システムは、車両側が自ら得られる情報に基づいて支援する自律型運転支援システムですが、これだけでは防げない出会い頭事故などへの対応には、路車間通信や車々間通信、さらには歩行者と車の通信も使ったインフラ協調型の運転支援システムが必要です。これに伴いインフラ側にも、車両や歩行者を検知するセンサや、路面の凍結等を検出する路面状況のセンシング技術などが求められることを付け加えておきます。

6-1-3 快適性の追求

車の快適性には、様々な観点があります。車の運動性能や操縦安定性、乗り心地といった、いわゆる車を繰る楽しみというものから、目的地に関する情報を得て、できる限り速く楽に目的地に移動できるという機動性、移動する空間としての快適な車室環境、音楽や映像などを楽しむ車内エンターテイメント、車載機器のわずらわしい操作からの開放、あるいは、駐車運転操作の支援から究極の自動運転に至るまで、多岐にわたります。この中で、前に述べた環境と安全に関する半導体センサのニーズとは異なったニーズがある、車室内環境の制御と機器操作のHMIについて触れたいと思います。

①車室内環境制御

車室内環境の快適性は、主に温度環境と空気質に分けられます。温度環境の制御は、現在、運転席側と助手席側の左右を独立してコントロールする機構を備える空調装置や、さらに前席と後席も分けて4席を独立して個別に温度制御するゾーン空調への高機能化が図られています。また、乗員の温熱状態を直接検出できる赤外線温度センサを用いたシステムでは、複数箇所の温度をスポット的に独立して検知できるマトリックス型の赤外線温度センサを用いて、例えば、後席の左右と中央部の上下2か所ずつ、計6か所の温度を検出して、4席独立空調と後席用クーラを制御するシステムも現れています。

また、こういった空調吹き出し口の空気温度や風量のきめ細かい制御だけでなく、乗員が着座時に直接触れるシートを温調するシステムの採用も拡大しています。シートの加温については、サーモスタットもしくはサーミスタ制御によるシートヒータが用いられ、冷却についてはシート空調と呼ばれるシステムがあります。シート空調には、車室内の空調装置で温調された空気をシート内部に導いてシート表面の微細孔から吹き出す方式と、ペルチェ素子などでシート内に吸入する空気を冷却してシート表面から吹き出す方式があります。ペルチェ素子というのは、異なった2種類の金属または半導体を2つの点で接合したものに電流を流すと、片方の接点が冷やされ、もう一方の接点が温められるペルチェ効果と呼ばれる現象を利用した熱電素子で、熱電対のゼーベック効果とはちょうど逆の現象になります。シートを温調するシステムは、車室内空調と比べて乗員との伝熱効率が良いため省エネルギー化が図れるとともに、各乗員に対する個別の制御性にも優れます。このため、従来の補助的装備から主要な空調装置へと、位置づけが変化する可能性もあります。

温度環境制御の今後は、室内空調とシート温調を組み合わせた独立コントロールの細分化が進み、各乗員の状況に合わせて温度環境を個々に制御するパーソナル空調へと進化していくものと考えられます。これに伴い、赤外線温度センサの採用が進むものと思われます。また、安全運転支援のための乗員状態認識やセキュリティのための侵入検知との併用で、車室内に赤外線カメラが装備され、よりきめ細かい個別温度制御が行われることも考えられます。

一方、空気質の向上は、不快物質の除去と快適性を向上させる有効成分の保持や付加という2つの観点があります。不快物質の除去には、空調装置に花粉などのアレル物質の除去、除菌、脱臭などの機能が加えられています。また、図6-1-14に示すように、他の車からの排出ガス成分の侵入を排ガスセンサで検出して、空調ユニットの内外気切り替えを自動で行う空調システムも実用化されています。有効成分の保持や付加については、車室内の湿度制御や酸素富化装置などがあり、車室内のCO_2濃度の検知による内気循環のコントロールや居眠り防止のための香り放出などの技術も発表されています。これらの空気質

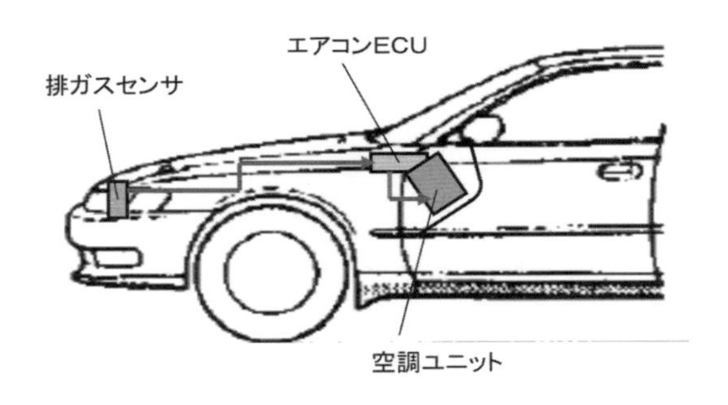

図6-1-14 内外気自動切り替え空調システム

向上技術には、フィルタ技術などとともにガスセンサの技術が欠かせません。車の排出ガス成分であるCO、HC、NO_2や濃度増加により集中力などに影響を及ぼすといわれるCO_2などのガスセンサの進化が望まれます。

②機器操作のHMI技術

車には本来の「走る」「曲がる」「止まる」の運転操作のほかに、空調やオーディオ、ナビゲーションなどの機器操作があり、操作スイッチの数は著しく増加しています。これに伴い、従来のスイッチやタッチパネルに替えて、ダイヤル式の操作スイッチや手元のノブの操作によってパソコンのマウスのようにパネル上のポインタを動かすリモートタッチ方式などが登場しています。また、一部では音声入力を併用する方式も採用されています。これらの操作には、高齢運転者の増加という観点からも、運転操作を妨げないさらに簡単なHMI技術が求められており、音声入力やジェスチャー入力を使った対話形式の操作などが考えられます。これに対応してセンサには、指向性や音声識別機能の高いマイクロフォン、あるいは頭や手指の動きを検出するモーションセンサなどの進化が求められるものと思われます。

6-2 車載用半導体センサ技術の動向

前項で述べた車の制御システムの動向とセンサへのニーズを踏まえて、車載用半導体センサの技術が目指すべき方向を、センサデバイス技術、信号処理回路技術、パッケージング技術のそれぞれについて、大まかにまとめてみたいと思います。

6-2-1 センサデバイス技術

シリコンをベースとしたセンサデバイス技術は、大きく３つに分けることができます。まず第１に、シリコン半導体の持つセンサとしての物性を利用するセンサデバイスで、ホール効果を用いた回転センサや光起電力効果を利用したフォトダイオードがこれにあたります。２つ目は、シリコンの優れた機械的物性とMEMS技術による微細な構造体形成を活用した力学量センサデバイスで、ダイアフラム構造による圧力センサや櫛歯構造を持つ加速度センサが代表的なものです。３つ目は、集積回路の製造技術を利用して、シリコン基板上にセンシング機能を持つ金属や有機材料の薄膜を形成した薄膜センサデバイスで、磁性金属薄膜を用いたMRE方式の回転センサやサーモパイル方式の赤外線温度センサ、あるいはイオン性ポリマーを用いた湿度センサなどがあります。

第１のシリコンの半導体物性を利用したセンサデバイスでは、フォトダイオードをベースとするイメージセンサが、安全制御分野での周辺認識や乗員状態認識などの画像認識センサとして、採用がますます拡大するものと考えられます。イメージセンサは、デジタルカメラなどの民生分野で培われた技術に、車載としての信頼性と耐久性を付与し、感度とダイナミックレンジの性能向上と普及のための低コスト化技術に大きな期待が寄せられます。

２つ目の力学量センサデバイスでは、シリコン基板内にキャビティを作り込んだSi容量式の圧力センサや、加速度センサと角速度センサの高精度化と検出方向の多軸化を両立させた高度なモーションセンサの拡大が見込まれ、MEMS 技術のさらなる発展が望まれます。また、携帯電話分野などで採用が拡大しているMEMSマイクロフォンが、HMI 技術の要になると思われる音声認識に欠かせないデバイスになると考えられます。

3つ目の薄膜センサでは、様々な機能性薄膜の利用が考えられます。高感度な回転あるいは位置センサとしての TMR 素子の利用、あるいはアルコール検知やガスセンサなどの化学量センサとして、識別感度が高く耐久性にも優れた薄膜材料の開発が望まれます。化学反応は温度で律速されるため、マイクロヒータと感温素子で高い動作温度を低い消費電力で精度よく制御できる薄膜構造は、化学量センサに適しており、用途の拡大が期待される分野です。

これらに加えて今後期待されるのは、圧電効果や静電気力、電磁誘導作用などを利用したマイクロアクチュエータとセンサの組み合わせによるアクティブセンサデバイスではないかと思われます。ここにもMEMS 技術の大きな飛躍が期待されるところです。

6-2-2 信号処理回路技術

センサの信号処理回路技術は、高精度なオペアンプなどのアナログ回路から、画像処理用の高速マイコンなどの大規模なデジタル回路に至るまで、幅広い技術が必要です。信号増幅についていえば、オフセット電圧の温度ドリフトが小さい高安定なオペアンプが求められます。特性調整は、DSP（Digital Signal Processor）によるデジタル調整が多用されると思われ、高速で高精度な AD 変換回路技術が重要になります。

また、電子制御システムの増加とそれに伴うシステムのネットワーク化や階層化に対応して、センサの省線化とスマート化に欠かせないのが通信技術であり、センサに適した通信技術の開発が望まれます。さらに、タイヤ空気圧センサなどで既に行われている無線でのデータ通信も、運転者が身に付けるウェアラブルセンサや、アクチュエータの動きを監視するセンサなどで、多く必要になると思われます。これに伴い、電池駆動を成立させるための低消費電力回路技術が重要となり、また、受信波を電力に変換して動作する、あるいは振動や熱により発電する技術も求められる可能性があると思われます。

6-2-3 パッケージング技術

センサのパッケージング技術は、検知環境に対する耐性があることと、センサデバイスによる検知を妨げないことが要点になります。例えば、圧力センサでは、高温環境での耐久性や汚染物質、腐食物質に対するデバイスの保護などとともに、媒体の圧力をセンサデバイスのダイアフラム面に適切に伝達する機構と、熱応力などそれ以外の力をできる限りダイアフラム面に伝えない構造を両立する必要があります。また、ガスセンサなどの化学量センサでは、検出物質にセンサデバイスの検出面を直接さらす必要があるにもかかわらず、検出物質を含む環境から電気接続部などを保護しなければならず、いわば部分露出と部分保護のパッケージング技術が求められます。このような背反事項の両立のため、画期的な構造や工法の開発とその実現を支える接合材や保護材料の開発が期待されます。

一方、一般的な半導体のパッケージング技術では、パッケージサイズの小型化に大きく貢献する技術として、WLP（Wafer Level Package）と呼ばれるウェハ状態でのパッケージングや、メモリと論理 LSI などのチップを積み重ねた 3 次元実装が用いられるようになっています。WLP は、センサのパッケージングでも、加速度センサなどの慣性力センサに必要な中空構造を形成するため、シリコンキャップを一括して接合したり、イメージセンサにレンズやフィルタを一括して組み付けたりするのに利用されています。WLP は、多数のチップを一括して取り扱うことができるという効率性に加えて、ウェハをチップに個片化する前にデバイスを封止するため、塵埃などが機能を損なう原因となりやすい慣性力センサやイメージセンサには、これからも有用な技術となります。

また、3 次元実装は、従来は加速度センサのスタック構造（3-5 項）でも示したように、積み重ねたチップの周辺部のパッドにワイヤボンディングをすることによって互いの端子を接続していましたが、近年TSV（Through-Silicon Via）と呼ばれるシリコンチップを貫通するビアで端子を接続する技術が開発されています。このTSV技術は、図6-2-1の（a）に示すように、チップ表面ではなく裏面で端子接続が行えるため、チップの多段積層が容易にでき、接続インピーダンスを著しく低減することができます。また、同図の（b）と（c）に示すように、チップ表面を全面的にキャップすることや、チップ表面の露出と端子接続部の保護を比較的容易に両立することができるため、センサのパッケージングにも大きく貢献するものと思われます。そして、センサのパッケージング技術は、図6-2-2に示すように、シリコンレベルパッケージへと進化していくものと期待されます。

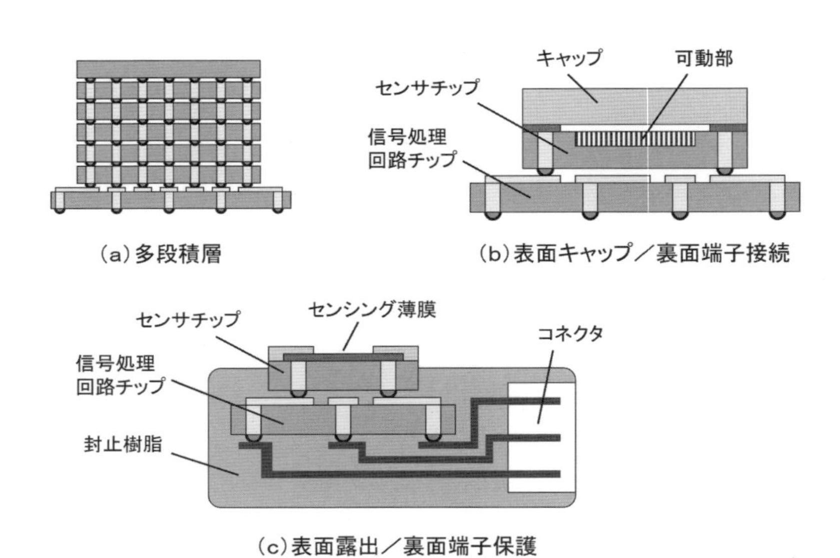

図6-2-1　TSV（Through-Silicon Via）技術

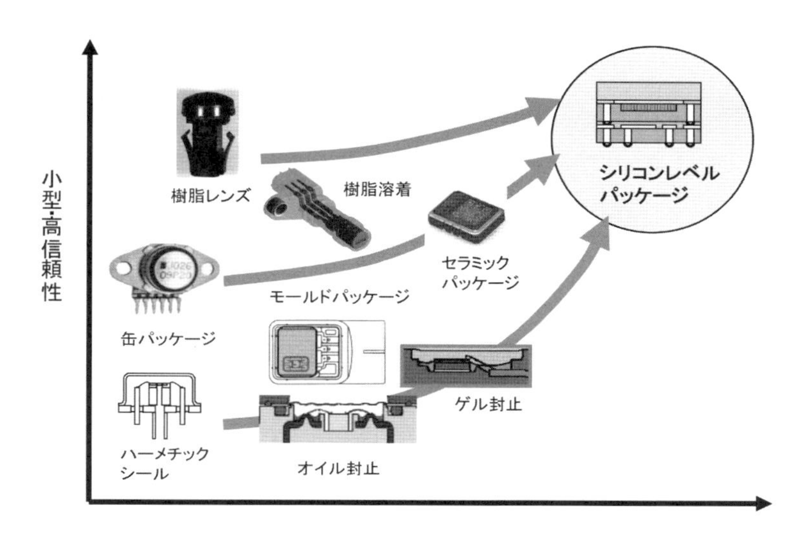

図6-2-2 パッケージング技術のロードマップ

6-3 結びに

車は着実に自動化、ロボット化の方向に向かい、いわば真の「自動」車になる日もさほど遠い将来ではないかもしれません。しかし、その実現には、人間の感覚機能に相当するセンサと、頭脳に相当するECU、手足に相当するアクチュエータのどれもが、著しい進化を遂げる必要があります。また一方で、車には運転する楽しみも欠かすことはできないと思います。車の自動化と車を繰る楽しみの両立には、人間と調和の取れたHMI技術が必須であり、ここでもセンサが重要な役割を担うと思われます。環境にやさしい車、事故を起こさない車、そして快適で楽しい車づくりを支えるため、MEMS技術を核として、車載環境に適応した高信頼性を備える車載用半導体センサの発展を願って止みません。

◉参考文献

国立環境研究所
2008年度（平成20年度）の温室効果ガス排出量（速報値）について
国土交通省交通政策審議会
運輸部門における温室効果ガス排出量等の推移（平成18年11月）
野田智輝
電気自動車、プラグインハイブリッド自動車の普及に向けた経済産業省の取組み、自動車技術、Vol.63 No.9 2009
河合英直、新国哲也
プラグインハイブリッド車の特徴とその評価に対する課題、自動車技術、Vol.63 No.9 2009
総務省統計局
世界の統計 2006
総務省統計局刊行、総務省統計研修所編集
日本の統計 2009
柵木充彦
自動車における安全技術の現状と将来、デンソーテクニカルレビュー、Vol.12 No.1 2007
小川計介
日経 Automotive Technology
ウェブサイト、http://techon. nikkeibp.co.jp/article/CAR/20090410/168654/
トヨタ自動車株式会社
クラウンマジェスタ新型車解説書、2009年6月
森泉豊栄、中本高道
センサ工学、昭晃堂、1997
片岡哲也、他
車室内空調快適性の最新技術、自動車技術、Vol.62 No.2 2008
中島裕、草間紳
排出ガス検知センサ付き空調システムの開発、自動車技術、Vol.61 No.2 2007
林達彦
複雑化する機能を使いこなす新HMI、日経 Automotive Technology、2009.3

本書の執筆にあたっては、以下の（株）デンソーの方々に、資料の提供や技術のご教示などの協力をいただきました。心より感謝いたします。
(敬称略、五十音順)
遠藤昇、神田昌司、下山泰樹、鈴木康利、竹内久幸、徳原実、
豊田稲男、服部孝司、樋口祐史、道山勝教、

●ISBN 978-4-904774-38-0

前富山県立大学　安達 正利　著

設計技術シリーズ

誘電体セラミックス原理と設計法

本体 3,200 円＋税

第1章　コンデンサの概要

1．1　コンデンサとは
1．2　静電容量
1．3　コンデンサの用途
1．4　形状による分類

第2章　誘電現象とその原理

2．1　誘電率と比誘電率
2．1．1　直流電界中の誘電体の性質
2．1．2　交流電界中の誘電体の性質
2．2　分極
2．2．1　分極の定義
2．2．2　内部電界
2．2．3　分極の種類
2．3　誘電率の周波数特性
2．3．1　電子分極とイオン分極の周波数特性
2．3．2　配向分極の周波数特性
2．3．3　界面分極の周波数特性

第3章　コンデンサの容量測定方法

3．1　交流ブリッジ法
3．2　共振法（Q メータ法）
3．2．1　共振法の原理
3．2．2　Q メータ法による容量測定
3．3　I-V 法
3．3．1　オートバランスブリッジ法
3．3．2　RF I-V 法
3．3．3　ネットワークアナライザによるインピーダンスの測定法
3．4　反射係数法
3．5　高周波誘電体用セラミックス基板の誘電体共振器測定法

第4章　セラミックスの作製プロセスと材料設計

4．1　セラミックス原料粉体の作製
4．1．1　固相合成法
4．1．2　液相合成法
4．1．3　気相からの粉体の合成法
4．2　原料の調合と混合
4．2．1　調合
4．2．2　混合
4．2．3　脱水・乾燥
4．2．4　仮焼（固相反応）
4．2．5　仮焼原料の粉砕
4．3　成形と焼成
4．3．1　バインダの混合・造粒
4．3．2　成形
4．3．3　焼成過程
4．4　単結晶育成
4．4．1　ストイキオメトリー（化学量論比）組成 LN、LT 単結晶の連続チャージ二重るつぼ法による育成
4．4．2　$K_3L_{i2}Nb_5O_{15}$ (KLN) 単結晶の連続チャージ２重るつぼ法による育成

第5章　誘電体材料

5．1　$BaTiO_3$
5．2　コンデンサ材料
5．2．1　電解コンデンサ
5．2．2　高分子フィルムコンデンサ
5．2．3　セラミックスコンデンサ
5．2．4　電気二重層コンデンサ

第6章　マイクロ波誘電体セラミックス材料

6．1　マイクロ波誘電体セラミックス材料の設計
6．2　$Ca_{0.8}Sr_{0.2}TiO_3-Li_{0.5}Ln_{0.5}TiO_3$ 系誘電体セラミックス
6．3　低温同時焼結セラミックス（LTCC）

発行／科学情報出版（株）

●ISBN 978-4-904774-37-3

●ISBN 978-4-904774-40-3

元上智大学　川上 春夫
防衛大学校　森下　 久　著
千葉大学　髙橋 応明

設計技術シリーズ

IoTシステムの極小アンテナ設計技術

本体 3,800 円＋税

発行／科学情報出版（株）

著者紹介

松橋　肇（まつはし　はじめ）

株式会社デンソー　デバイス事業部デバイス企画室主幹。

1952 年名古屋市に生まれる。1977 年東京工業大学電気工学専攻修士課程を修了。同年日本電装株式会社（現在は株式会社デンソー）に入社。車載用充電制御システム製品の開発や省燃費技術、実装技術などの技術開発企画に従事。

1996 年より半導体センサの技術開発を担当し、静電容量式加速度センサ、ディーゼルエンジン用超高圧センサなどの実用化に携わる。

2002 年 IC 技術 2 部部長、2005 年電子機器開発部部長を経て、2009 年から現職。

車載用半導体センサ入門

2016年1月15日　初版発行

編著者　松橋　肇

発行者　松塚　晃医

発行所　科学情報出版株式会社

〒 300-2622　茨城県つくば市要443-14 研究学園

電話　029-877-0022

http://www.it-book.co.jp/

ISBN 978-4-904774-41-0　C2054